Photography
Film and Video
Production

HD 4K 8K
FPS60

摄影与影视制作

丛书

U0385487

无人机航拍
与后期制作教程

曲阜贵　主编

夏双双
孟　未　副主编
林杜鸿

化学工业出版社

·北京·

内容简介

　　本教材从无人机基本飞行到航拍创作，以及图像和影视后期制作处理等多角度、全方位介绍了无人机航拍知识。全书共由七个模块组成。模块一简述了无人机发展概况，模块二详细介绍了无人机基本使用方法，模块三介绍了飞行拍摄进阶，模块四和模块五讲解了无人机的航拍构图和用光，模块六为数码后期图像处理，模块七为影视后期处理。本书深入贯彻二十大精神与理念，落实立德树人根本任务，设置有丰富的拓展资料和微课、实操教学视频，提升教材铸魂育人功能。

　　本教材适合于普通高校（应用型本科、高职高专）无人机摄影相关专业师生学习，也适合于作为高校艺术素养和实操的公选课用书，同时也可作为零基础的无人机使用者和爱好者参考阅读。

图书在版编目（CIP）数据

　　无人机航拍与后期制作教程/曲阜贵主编；夏双双，孟未，林杜鸿副主编．一北京：化学工业出版社，2022.5（2024.11重印）
　　（摄影与影视制作丛书）
　　ISBN 978-7-122-40955-3

　　Ⅰ.①无…　Ⅱ.①曲…②夏…③孟…④林…　Ⅲ.①无人驾驶飞机-航空摄影-教材②视频编辑软件-教材　Ⅳ.①TB869②TN94

　　中国版本图书馆CIP数据核字（2022）第042536号

责任编辑：李彦玲
文字编辑：吴开亮
责任校对：赵懿桐
装帧设计：王晓宇

出版发行：化学工业出版社
　　　　　（北京市东城区青年湖南街13号　邮政编码100011）
印　　装：北京宝隆世纪印刷有限公司
787mm×1092mm　1/16　印张8　字数184千字
2024年11月北京第1版第3次印刷

购书咨询：010-64518888
售后服务：010-64518899
网　　址：http://www.cip.com.cn
凡购买本书，如有缺损质量问题，本社销售中心负责调换。

定　　价：49.80元　　　　　　　　　　　版权所有　违者必究

　　近年来，随着人工智能技术的逐步完善，智能硬件已开始向小型化、低成本、低功耗的方向迈进，硬件成本的不断走低，为无人机制造业创造了良好的发展条件，中国在全球无人机领域也实现了从追赶到超越的转变，如大疆无人机占据全球七成的无人机市场。据有关数据表明，我国2015～2019年民用无人机市场规模逐年上升，2019年民用无人机市场规模达435亿元。2020年，我国民用无人机市场规模约达599亿元。预计到2026年，我国民用无人机市场规模将达2250亿元。消费级无人机市场的爆发使得无人机的影响力不断提高，电力、农业、测绘、交通、城市规划、国土资源管理等行业相继研究无人机在各自行业应用的可能性，带动工业级无人机市场增速加快。据估计，我国无人机行业包括研发、制造、运营、服务等，带动了近十万人的就业，并且这个数字还在快速增加中。无人机的应用越来越普及，在航拍领域应用的无人机已不再是高精尖的技术产品，而是像数码相机一样融入人们的生产生活中。无人机产业的发展吸引了大量年轻、高素质的人才加入。无人机已成为摄影人的必要设备与摄影方式之一，这就要求从业者掌握无人机操作技术及相关摄影知识，而且许多熟练的无人机操作手也需要提高摄影技能。

　　为满足行业发展对技术技能人才的需求，教育部在2021年3月发布的《职业教育专业目录（2021年）》中，设置了相关专业。如高职专科：摄影测量与遥感技术（420304）；无人机测绘技术（420307）；无人机应用技术（460609）；摄影与摄像艺术（550118）；摄影摄像技术（560212或660213）。中职：航空摄影测量（620304）；无人机操控与维护（660601）；影像与影视技术（760203）。高职本科：测绘工程技术（220302）；无人机系统应用技术（260604）；影视摄影与制作（360202）等。许多大中专院校正在酝酿或已经开设了无人机相关专业，各类人才培训机构也大量涌现，但目前与之相适用的配套教材缺乏。因此，我们联合福建省民用无人机协会和厦门七海扬帆航空科技有限公司共同开发编写了《无人机航拍与后期制作教程》一书。

本教材贯彻落实《国家职业教育改革实施方案》，参照新版《高等职业学校专业教学标准》，以高等职业院校培养技术技能人才的需要为目标，以行业发展需求为导向，与无人机影视摄影的工作岗位实际相结合。教材内容以真实无人机影视摄影项目和工作场景、工作内容等为载体，反映典型岗位（群）职业能力要求，体现新业态、新知识、新技术、新设备、新要求。将新标准、X证书（无人机摄影测量、无人机操作应用、无人机拍摄等）、技能大赛、德育教育、劳动教育，将专业精神、职业精神和工匠精神融入教材内容中，同时配套开发了数字化教学案例视频等信息化资源。

本教材全面系统地介绍了无人机航拍技术的各个环节以及影像后期处理内容，并以市场上应用较广的大疆无人机的真实应用案例为载体进行重点、生动讲解，强化专业技能的训练和学生综合职业能力的培养。

本教材由曲阜贵担任主编，夏双双、孟未、林杜鸿任副主编，蓝锦文、林斌斌、郑文贵、丁芬、黄熙参与了本教材的编写。在教材开发编写过程中，各位编写人员投入了大量的精力和时间，对书稿进行反复修改，本教材还引用了一些作者的研究成果及相关资料，得到了许多教师的大力支持，在此表示衷心的感谢！

随着数字技术、5G、区块链、物联网等技术的发展，无人机行业迭代快速，技术、运行理念、应用领域、管理，以及相关的法律法规正处在迅速发展过程中，教学内容也将不断得到完善与补充。由于编者水平有限，书中难免有不足之处，恳请广大读者批评指正，以便进一步修订完善。

编　者

2022年5月

● REC
00:00:00

目录

Photography
+
Film and Video
Production

模块一

无人机发展概况

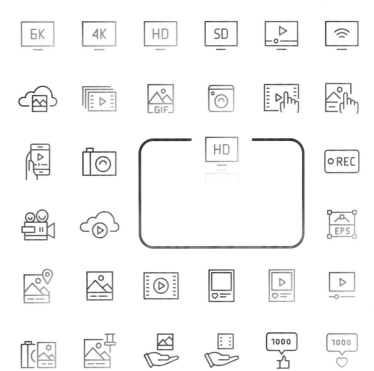

无人机发展状况及应用

无人机是无人驾驶飞机的简称，是利用无线电遥控设备和自备的程序控制装置操纵的不载人飞机。航拍无人机是指搭载了照相机或摄像头，主要用于影像拍摄的无人机。它可以"鸟瞰"构图和拍摄，其独特的视角为人们所喜爱，已被广泛应用于电影和电视剧拍摄、新闻报道拍摄、体育赛事拍摄、旅行记录及婚礼拍摄等多种场合。

一、无人机的发展状况

1.从军用到民用无人机

无人机的发展历史，可以追溯到19世纪中叶，早在1849年，奥地利人就用无人气球携带炸药对威尼斯进行攻击，这算是无人机的雏形。

第一次世界大战期间，协约国采用无线电遥控的飞艇——"飞行炸弹"对德国进行轰炸，这是第一次使用陀螺仪控制的无人飞机。从此陀螺仪在无人飞行器上得到广泛应用，直至今天。

第二次世界大战爆发后，无人机技术得到较快的发展，美国和德国都意识到无人机的重要性。美国军方率先研制了无人侦察机，第一款无人侦察机是美国瑞安公司研制的147B型无人机，这种侦察机曾在中国、苏联、越南、朝鲜的上空进行侦察飞行。

相当长的时间以来，无人机主要应用于军事。自20世纪90年代在巴尔干战争中使用军用无人机以后，随着2001年阿富汗战争爆发，美国军方更是大力发展无人机。至今，他们在军用无人机技术上，有着一定的优势。现今的军用无人机具有高空、长航时等飞行特性，并可与位于地面、海洋、空中和太空的控制站建立通信连接，在军事应用上有着独特的优势，既可以进行高空侦察，收集军事数据，还可以携带武器对敌方进行精准打击。近几年，我国的无人机技术也有了突飞猛进的发展，特别是在民用无人机应用上，我国已跻身于世界先进行列。

从军用发展到民用是无人机迅猛发展的重要原因。2009年，随着多旋翼无人机的流行，民用无人机技术得到快速的发展。1946年，贝尔直升机公司研发了世界上第一款商用无人机，经过持续稳定的改进，吸引了世界各地的航空发烧友的关注，并应用到了很多领域，如农业、植保、影视、救援、巡检等。简单的结构，极低的成本，方便的操控，这些特点使得多旋翼无人机迅速得到市场的认可，发展迅猛。深圳市大疆创新科技有限公司（简称大疆公司）抓住了这个商机，在民用无人机市场领跑世界。

综上所述，无人机的发展经历了雏形、第一代无人机时代、军用无人机时代，再到民用无人机时代。

2.大疆无人机发展阶段

2012年，大疆公司推出了世界上第一款到手即飞（ready to fly）的四旋翼无人机"精灵"（Phantom）。多年来，大疆公司以"自我革命"的创新精神，让多旋翼无人机技术快速走过航模阶段、航拍阶段、消费电子阶段和行业应用阶段。

① 航模阶段。这一阶段的无人机是传统航模产品的技术升级，在航模上集成飞控系统之后，能实现自主悬停、航点飞行、自动返航等功能，使操控难度下降，安全性上升，让更多用户享受到飞行的乐趣。

② 航拍阶段。将飞行和拍摄功能相结合，通过将云台和相机小型化后装上无人机，使无人机在飞行过程中能拍出稳定的图像。增加了图传技术后，地面摄影师可以实时看到航拍图像，提升了拍摄体验。无人机作为一种航拍工具在专业摄影器材市场受到了追捧，快速替代了直升机航拍。

③ 消费电子阶段。在航拍无人机的基础上，进一步缩小体积、降低价格，并通过集成机器视觉和人工智能技术，使无人机能实现避障、自动跟随、智能拍摄等功能，操控也更为简化。无人机作为一种消费电子产品迅速流行起来。

④ 行业应用阶段。目前，多旋翼无人机作为一种空中智能平台的潜力正在不断显现。最早采用无人机进行行业应用的是电力系统、公安系统等，近年来又逐步扩展到农业、影视、建筑、测绘等领域，例如，图1-1所示的大疆经纬Matrice 210无人机可实时检测建筑物、道路和桥梁毫米级故障，显著提升了巡检精度。目前普遍认为，行业应用级无人机的市场容量将超过消费级无人机，成为市场的主流方向。

图1-1　大疆经纬Matrice 210

3.多旋翼无人机行业发展的总体趋势

通过对近年来的无人机产业进行技术和市场分析，我们可以看出，多旋翼无人机行业发展的总体趋势是大众化、小型化、智能化、产业化。

① 大众化。2010年之前，一架航拍用多旋翼无人机售价超过5万元，商用无人机的价格高达几十万元甚至上百万元。而现在，一架普通的多旋翼航拍无人机价格仅与一部手机相当，商用无人机的价格也普遍在2万～10万元价格区间。无人机已经成为一种大众化的电子产品，无人机服务的价格也变得相当低廉。

② 小型化。多旋翼无人机的飞行平台、负载设备和操控设备都在迅速小型化。据初步统计，目前多旋翼无人机中，95%的重量在7kg以下。主流消费级无人机的重量在三年时间里从1500g左右下降到不足500g，轴距也从350mm减少到170mm，并且核心功能还有显著提升。体积变小使得无人机携带更为方便，能耗下降，飞行安全性提升，应用场景进一步拓宽。

③ 智能化。多旋翼无人机依靠飞控系统来实时感知自身状态并控制动力输出。随着

无人机集成的传感器不断增加，算法不断优化，无人机的智能化程度在不断提升，以往需要高超飞行技巧才能完成的动作现在已经可以自动完成。2016年，大疆在精灵4代无人机中引入机器视觉技术，这就像给无人机装上了眼睛，使其在避障、跟随、返航等方面的功能越来越强大。

④ 产业化。多旋翼无人机保有量的增长和应用领域的拓宽也带来了产业的纵深发展。在硬件方面，逐步出现了大量生产飞控、动力、通信和图传、导航设备、云台、相机、电池等的上游厂商，以及生产各类负载设备的专业化厂家，行业标准逐渐形成。在软件方面，各种飞行控制软件、数据分析软件、运行管理软件等层出不穷。在下游，则出现了大量无人机服务企业，涵盖二次改装、设备维修、周边产品、保险、租赁、培训等。很多企业成立了无人机部门，通用航空企业也在积极研究进入无人机领域。

由此可见，无人机的发展历史，就是一款小众产品通过创新拓展使用场景、寻找更大市场的过程。

二、无人机的应用

无人机弥补了以往通用航空门槛高、成本高的不足，迅速发展成智能化空中平台并赋能各行各业，使得很多不具备航空作业条件的场合也可以采用无人机低空作业。特别是在高度不超过500m、飞行半径不超过10km、以数据采集为目的的作业场景中，无人机有着巨大的优势。近年来，无人机产业发展迅速，在个人消费、农林植保、地理测绘、环境监测、电力巡线、影视航拍等领域应用广泛。多旋翼无人机行业应用的发展将主要集中在以下几个领域。

① 农业。主要包括植保飞防和农田遥感。无人机植保飞防的效率是人工植保的50倍以上，而成本降低了一半。农田遥感能帮助规模化农业企业更好地获取农田的各类精准数据，在欧美已经非常普遍，在国内也将大规模普及。

② 安防。主要指公安、交通、消防、救援等用户，通过无人机提供的低空平台进行侦查、监视、搜索、追踪、通信中继、应急物资运输、三维现场重现等作业，不仅可以提高效率，降低成本，还可以降低工作人员的风险，减少人身伤害，意义重大。

③ 创意。无人机航拍已经基本取代有人机航拍，成为各种新闻媒体、影视拍摄的必备工具，各种无人机航拍公司也如雨后春笋般涌现，成为一个规模可观的产业。近年来，通过无人机集群控制技术进行空中表演的应用也快速流行起来。

④ 巡检。无人机在能源设备、大型建筑、高速公路、桥梁等场所能够快速到达人所不易到达的地方并采集数据，降低人员风险和设备运维成本。通过应用地面站、精确导航、机器视觉、人工智能等技术，还可以大幅提升设施巡检的自动化程度，实现无人机化巡检。

⑤ 测绘。多旋翼无人机是一种极为理想的中小型航测工具，由于飞行高度低、速度慢，所以航测精度高、效果好，通过地面站和云台的配合，不用安装昂贵的专业相机就可以实现三维建模，在建筑、安防、保险等行业用途非常广泛。

2021年，侦察无人机已成为中央应急物资储备库的新成员。

无人机产业的发展吸引了大量年轻、高素质的人才加入，据估计，包括研发、制造、运营、服务在内，无人机行业在我国带动了近十万人的新增就业，并且这个数字还在快速增加中。各类人才培训机构大量涌现，很多大专院校正在酝酿或已经开设了无人机专业。

无人机旺盛的市场需求催生出了大批运营企业。同时，无人机在推广和使用过程中，也出现了一系列的安全隐患和监管漏洞。为确保无人机产业健康发展，2017年以来国家密集出台了一系列政策，生产销售环节更加严格。

早期的无人机培训模式是将通用航空飞行员和航模飞行的培训体系结合起来，主要的课程包括空气动力学、无线电、航空气象等，以及大量的飞四角、飞"8"字、姿态模式等航模飞行技巧训练，培训周期长达20～30天，费用低则1万～2万元，高则3万～5万元。

然而，这种高收费、高门槛的培训模式并不符合多旋翼无人机的实际应用场景。随着技术的不断进步，大部分无人机已经摒弃了手动或姿态飞行模式而转向智能飞行模式，操控一架小型多旋翼无人机并不比骑自行车更难。2016年6月21日，美国联邦航空局发布的针对小型无人驾驶航空器管理规则（small unmanned aircraft regulations）"107部"中，获得小型无人机驾驶员的资质仅要求通过航空基础知识理论考试即可。2018年1月，国家空管委发布了《无人驾驶航空器飞行管理暂行条例（征求意见稿）》，其中第21条将无人机驾驶员培训分为"安全操作培训"和"行业培训"。"安全操作培训"包含航空法律法规、相关理论知识、基本操作和应急操作，轻型无人机（7kg以下）驾驶员只需要取得理论培训知识合格证，对实操能力不做要求。而对专业应用无人机飞手则需要进行专业化的培训。例如，农业植保无人机飞手，需要掌握一定的农药、气象、虫害方面的知识，需要具备快速测量地块的能力，并掌握农业植保中特有的飞行操控技能；电力行业的无人机飞手，需要掌握在电磁干扰环境下飞行的技术，以及红外测温、故障检测等技能；消防应急处置无人机飞手（包括无人机高层建筑灭火、侦察无人机快速建模）也需要进行专业培训。图1-2所示M300无人机就是大疆公司生产的一款行业无人机。

图1-2　M300

单元二

无人机常见机型

根据不同的划分标准，无人机有不同的分类方法。

1. 根据无人机的重量分类

国家空管委2018年1月发布的《无人驾驶航空器飞行管理暂行条例（征求意见稿）》

中，对无人机做出如下分类。

① 微型无人机。是指空机重量小于0.25kg，设计性能同时满足飞行真高不超过50m，最大飞行速度不超过40km/h，无线电发射设备符合微功率短距离无线电发射设备技术要求的遥控驾驶航空器。

② 轻型无人机。是指同时满足空机重量不超过4kg，最大起飞重量不超过7kg，最大飞行速度不超过100km/h，具备符合空域管理要求的空域保持能力和可靠被监视能力的遥控驾驶航空器，但不包括微型无人机。

③ 小型无人机。是指空机重量不超过15kg或者最大起飞重量不超过25kg的无人机，但不包括微型、轻型无人机。

④ 中型无人机。是指最大起飞重量超过25kg不超过150kg，且空机重量超过15kg的无人机。

⑤ 大型无人机。是指最大起飞重量超过150kg的无人机。

2.根据无人机的用途分类

① 农业无人机。包括植保无人机、播种施肥无人机、农田检测无人机。

② 工业无人机。包括专业航拍无人机、执法无人机、航测无人机、土方测量无人机、巡检无人机、拉线无人机、清障无人机、火情监控无人机、环保无人机、林业无人机、气象无人机、地产无人机、水利无人机、地震无人机、地质无人机、物流无人机、交通无人机、考古无人机、救灾无人机、应急通信无人机、海洋无人机、喷涂无人机、其他无人机。

③ 军警无人机。包括警用无人机、反恐无人机、军用无人机、靶机。

④ 娱教无人机。包括消费级无人机、穿越机、教育培训无人机、表演无人机。

3.根据无人机的价格区间及性能分类

① 消费级无人机。也称入门级无人机，多数配有摄像头，但没有相机云台，拍摄的画面不稳定，多数没有GPS或者更高级的飞控系统进行自动飞行和跟随模式飞行，这种无人机主要供新手体验"飞行"的快感，学习并提高无人机的操控能力（图1-3）。

② 专业消费级无人机。既包括那些遥控飞机爱好者进行航拍尝试的无人机，也包括更加专业的视频拍摄者所使用的无人机。区别于昂贵的携带较重的摄像设备的大型无人机。现在专业消费级无人机主要是四轴飞行器（图1-4），也有人采用六旋翼无人机进行视频拍摄。

图1-3　御 Mavic 2

图1-4　悟 Inspire 2

③ 专业级无人机。包括六旋翼和八旋翼构型无人机。这种无人机可根据用户的需要进行多种形式的定制，携带较大的载荷，如单反相机及专业摄影设备。大疆Matrice 600无人机就属于这种类型（图1-5）。

驾驶不同的无人机需经过不同的培训，并取得相关的证书。

根据目前相关法律要求，空载大于

图1-5　大疆Matrice 600

7.5kg的飞行器，需要持证进行飞行，其他机型暂未规定。目前网上销售的消费级无人机，均不到7.5kg，直接在民航网站实名登记即可。国内无人机飞行员认证有以下三类：UTC认证、AOPA认证、ASFC认证。也就是说，大疆无人机是属于7kg以下的无人机，飞行不需要考证，但是在飞行之前需要向相关部门申报飞行计划。

单元三
无人机飞行的相关政策与法规

在操控无人机飞行前，需要了解相关的法律和法规，否则，触犯了法律，即使是无意识的行为，也应当承担相应的法律责任，触犯了刑法，还会受到刑法的制裁。例如，在不恰当的地方操控无人机飞行，不仅会危害低空空中交通安全，而且会给人们带来一定的风险，还有可能侵犯公民个人的隐私。

如果无人机的重量为150kg以下，当它起飞时，就要处于当地航空管理部门的监管之下。在欧洲，管理部门是欧洲航空安全局（EASA），在英国是民用航空管理局（CAA），在美国则是联邦航空局（FAA）。

尽管不同国家的相关管理规定稍微有些不同，但下面几条规则是通用的。

第一，禁止用户在载人飞机的附近飞行，不能影响民用航空线路。

第二，禁止用户在法律法规禁飞的区域飞行，如机场、政府大楼、主要城市、发电站、监狱、军事区等。

第三，不能在人口密集的地方操作无人机。

第四，禁止在无人机上搭载任何危险物品。

第五，不能在超过限定高度的航空领域飞行。

特别注意的是，绝对不能在机场、军事区和其他所有严令禁飞的特殊地区起飞。

目前我国无人机飞行必须遵循的法律法规主要有《中华人民共和国民法典》《中华人民共和国社会治安管理处罚法》《中华人民共和国飞行基本规则》《通用航空飞行管制条例》《民用无人驾驶航空器公共安全管理办法》等。2020年6月13日，厦门市一名男子因违反《厦门市民用无人驾驶航空器公共安全管理办法》第12条规定，没有向相关管理部门提前报备"无人机"起飞位置和飞行范围，根据第19条规定，"飞手"违规起飞无人机，被开出首例行政罚单罚款1000元。

拓展资料

AOPA无人机驾驶证

中国航空器拥有者及驾驶员协会，简称AOPA-China，于2004年8月17日成立，是中国民用航空局主管的全国性的行业协会，是国际航空器拥有者及驾驶员协会（IAOPA）的中国分支机构，也是其在中国（包括台湾地区、香港、澳门）的唯一合法代表。

同时AOPA是得到中国民用航空局唯一授权的，目前最高、最权威的颁发无人机驾驶证的发证机构。

1. AOPA无人机驾驶证考试报名条件

① 年满16周岁；

② 五年内无犯罪记录；

③ 矫正视力1.0以上，无色盲、色弱，无传染性疾病，肢体无残疾；

④ 能正确读、听、说、写汉语，无影响双向无线电对话的口音和口吃。

2. AOPA无人机驾驶证种类及其区别

① 目前无人机分为三种：多旋翼、单旋翼、固定翼。

AOPA无人机驾驶证也分为三种：驾驶员（视距内驾驶员）证、机长（超视距驾驶员）证、教员证。

② 驾驶员只能在肉眼可视范围内操控无人机；机长可在肉眼可视范围外操控无人机；教员比机长高一层级，拥有培训驾驶员及机长的资格。

③ 机长和驾驶员的最大不同在于：在作业情况下，驾驶员必须在机长的指导下进行，驾驶员不能单独作业。

在考试当中，驾驶员只需要掌握GPS模式飞行即可，机长还得学习姿态模式飞行，多考一门地面站设置，对飞行技术要求较高。无人机教员主要是培训教学教法，侧重于实际教学应用。

④ 单旋翼机长可以驾驶单旋翼和多旋翼两种机型，但多旋翼机长只能驾驶多旋翼机型，不能驾驶单旋翼机型。固定翼多用于军用、巡线等，相对旋翼类无人机，普及度较低。

Photography
+
Film and Video
Production

模块二

无人机基本
使用方法

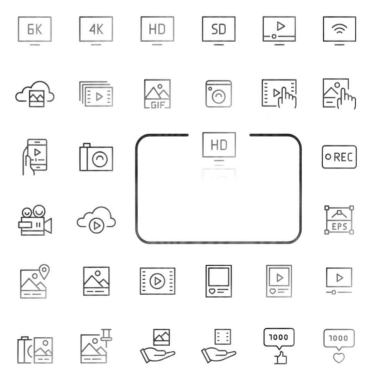

单元一

安装与注册

一、无人机的安装

无人机的安装比较简单，安装流程如下：移除云台保护罩→展开机臂→安装螺旋桨→安装电池，如图2-1所示。

移除云台保护罩　　　　　　展开前机臂　　　　　　展开后机臂

白色标记　　无标记

匹配标记安装螺旋桨　　　嵌入桨座按压到底，沿锁紧　　　展开状态
方向旋转直至弹起锁定

图2-1　无人机的安装流程

① 云台保护罩的拆卸/安装。拆卸云台保护罩的时候，用两只手指捏住下方卡扣，将保护罩向上提起后，再向前推出即可。安装的时候，先将云台用手调整至水平状态（中位），并将云台保护罩固定座一侧旋出且推入云台下方，使两个卡扣对准飞行器的凹槽，然后旋转云台保护罩，按下卡扣直至听到"咔"的一声即安装完成。

② 螺旋桨的安装/拆卸。螺旋桨的桨帽有白色标记和无标记两种，不同颜色的标记分别指示了不同的旋转方向。将带白色标记的螺旋桨安装至带有白色标记的电机桨座上。将桨帽嵌入电机桨座并按压到底，沿锁紧方向旋转螺旋桨到底，松手后螺旋桨将弹起锁紧，如图2-2所示。使用同样的方法安装不带白色标记的螺旋桨至不带白色标记的电机桨座上。安装完毕后展开桨叶。拆卸的时候，向下按压桨

图2-2　桨叶的安装

帽，按标记旋转的反方向旋转就可以拆下螺旋桨。

③ 电池的安装/拆卸。用手向内按捏住电池两侧的卡扣，将电池平稳地推入机身电池槽，松开手指即可。拆卸电池的时候，向内按捏电池两侧卡扣，等待电池弹出电池仓后取出电池即可。

二、无人机的注册

下载 DJI GO 4 App：使用移动设备扫描货品清单《快速入门指南》中的二维码或者在软件商店中下载安装 DJI GO 4 App，按提示用手机号进行注册，如图2-3所示。

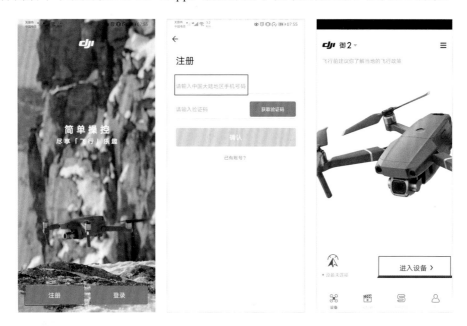

图2-3　无人机的注册

三、无人机实名登记

2017年5月16日，中国民用航空局下发《民用无人驾驶航空器实名制登记管理规定》，自6月1日起，对最大起飞重量在250g及以上的民用无人机实施实名登记注册，目前大疆所有的无人机产品都需要登记。

无人机实名登记分为两步：一是在无人机实名登记系统进行实名登记注册；二是打印包含登记号和二维码信息的登记标识并粘贴到无人机上。

打开中国民用航空局民用无人机实名登记系统官网（https：//uas.caac.gov.cn/）时，建议使用谷歌、火狐等浏览器，否则可能存在兼容性问题导致无法正常使用。首次使用请点击"用户注册"按钮，按要求填写相关信息，完成实名制登记。操作步骤如下。

① 注册并登录无人机实名登记系统。

② 点击左侧的"无人机管理"＞"新增品牌无人机"按钮（图2-4）。

图2-4　无人机实名登记系统

③ 按照指引填写无人机序列号（即SN码），*号必填，SN码通常可以在无人机的机身或者包装盒上找到。大疆无人机序列号是14位的，在无人机机身的电池仓附近。厂家选择"深圳市大疆创新科技有限公司"，登记成功之后，可以在"无人机管理"界面看到刚才登记的信息，默认有效期是3年。

④ 填写完成后，在邮箱中接收二维码，并打印处理，贴在机身醒目位置。

用手机扫描上面的二维码，输入验证码之后，可以看到无人机登记信息，包含登记标识、姓名、手机、联系邮箱、产品名称、制造商、型号、序号、空重、最大起飞重量、类型和注册日期等详细信息。鉴于此，请妥善保管登记号和二维码，以免泄漏个人隐私。

四、机身及电池保养

为了保证飞行安全，使无人机保持最佳工作状态，在日常保养、储存放置与运输安全等方面都要多加注意，随时做好保养。

机臂/机身：检查无人机机身螺钉是否出现松动，机臂是否出现裂痕破损，如有裂痕，请寄回厂家检测维修。检查电机轴承是否有磨损、振动，电机是否变形，螺钉是否稳固。如果发现问题，请及时处理。

电机：检查电机有无沙尘和水渍，并活动各个电机轴，确认与机臂固定是否牢固且能顺畅达到最大位置，然后卸下桨叶，开机并启动电机，判断电机有无异响。

桨叶：检查桨叶是否有破损、变形，若存在异常，则更换新的桨叶。在飞行时，建议给桨叶安装保护罩。检查无人机降落缓冲脚架是否有松动、破损，如有问题，请联系售后进行维修。

云台相机：检查镜头有无划痕、破损、污垢，云台卡扣是否有异物，排线是否正常连接。必要时，对云台相机做一个自动校准，点选App中的"云台设置">"云台自动校准"命令。

视觉系统：检查视觉避障系统与红外传感器镜片是否有划痕、破损或污渍，有的话需要及时清理。

遥控器：检查遥控器天线是否有损坏，以及按键是否可以正常按压反馈，并且遥控器摇杆等是否顺畅不卡顿。

电池：无人机中的电池是锂聚合物电池，电池容量为3850mA·h，额定电压为15.4V，在使用和保管时要注意以下事项。

① 将智能飞行电池存放于干燥通风处，减少阳光直射，以防止电池过热。若需存放超过3个月，则推荐的存放温度区间为22～28℃。切勿将电池存放在低于零下10℃或高于45℃的场所。当飞行环境温度低于5℃时，应提前将电池放置在常温环境下进行预热，充分预热至20℃以上。

② 每隔3个月左右需重新充放电一次，以确保电池活性。超过10天不使用电池，请将电池放电至40%～60%电量存放，可以延长电池使用寿命。电池具有自放电功能，电池满电超过10天，将自动开启自放电模式。

③ 先观察电池外壳是否有破损或者变形鼓胀，若电池受损严重，应停止使用，并将其进行报废处理。

④ 避免在强静电或者磁场环境中使用电池。

⑤ 请勿在电池电源打开的状态下插拔电池，若电池接口有污物，可用干布擦拭干净。

五、固件升级

每隔一段时间，大疆都会对无人机系统进行升级操作，以修复系统漏洞，使无人机在空中更安全地飞行。升级的常见方法有以下两种。

1. 使用DJI GO 4 App进行固件升级

升级飞行器固件前，请确保飞行器和遥控器的电池电量在50%以上，确保移动设备可连接至网络，连接遥控器和移动设备，开启遥控器与飞行器电源。运行DJI GO 4 App，App会自动检测固件版本，如有新版本则提示"有新的固件更新！"点击更新提示，选择"开始下载"按钮，飞行器将自动下载固件并执行升级步骤。如图2-5所示。

图2-5 固件升级界面提示

升级过程中，请勿断电或退出DJI GO 4 App，当飞行器剩余电量低于50%、移动设备连接中断或移动设备网络异常时，会导致固件升级失败，请重新升级飞行器。在升级过程中，飞行器自动重启属于正常现象，请不要关闭飞行器。当App提示"升级成功"时，表示固件已经升级完毕。

如有多块智能飞行电池，需要将电池逐一插入飞行器进行升级。按照提示右划滑块，飞行器会自动升级飞行电池，升级成功后，点击"完成"按钮并重启飞行器即可。

2.使用DJI Assistant 2进行固件升级

在升级前，请将飞行器与遥控器的电量充满，并在计算机上下载安装调参软件。

① 使用DJI Assistant 2升级飞行器。使用USB数据线将飞行器连接至计算机，开启飞行器电源，运行DJI Assistant 2软件，登录DJI账户，选择已连接设备，等待调参工具拉取升级列表，点击"升级"按钮，按照升级步骤即可对飞行器进行固件升级。升级过程中，请勿关闭飞行器电源或触碰连接线，等待升级完成。固件升级完成后，重启飞行器即可。

② 使用DJI Assistant 2升级遥控器。使用USB数据线将遥控器连接至计算机，打开遥控器电源，选择已连接设备，在固件升级界面中点击"升级"按钮，升级过程中，请勿关闭遥控器电源或触碰连接线，等待升级完成。固件升级完成后，重启遥控器即可。

目前暂不支持飞行器与遥控器一同进行整机升级。

单元二

熟知界面

一、DJI GO 4 App的设备界面

运行DJI GO 4，进入设备界面（图2-6），可以在此选择设备类型，点击页面右上角 ☰ 按钮进入功能菜单。

扫描二维码：可以扫描二维码连接飞行器。

学院：使用模拟飞行功能、观看教学视频及阅读产品文档等。

飞行记录：查看飞行时间、飞行里程等信息。

找飞机：点击地图上的飞行器图标，通过坐标信息与开启飞行器声音和闪灯来寻找丢失的飞行器。

限飞信息查询：为安全飞行指引，用于查询限飞区域。

图2-6　DJI GO 4设备界面

二、DJI GO 4 App 的飞行界面

图2-7所示为DJI GO 4 App的飞行（相机）界面，各项含义如下。

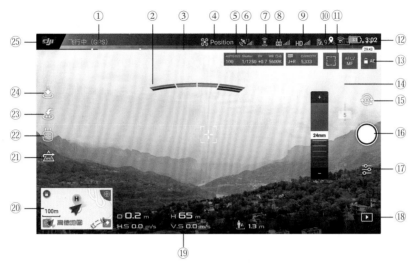

图2-7　无人机的飞行（相机）界面

①　飞行器状态提示栏。显示无人机的飞行状态及各种警示信息，如果无人机未安装桨叶，则提示"无法起飞"。如果处于准备起飞状态，则提示"起飞准备完毕"。如果处于飞行中，则显示"飞行中"。

②　障碍物提示。当检测到障碍物非常接近时，图标显示红色。如果逐渐远离障碍物，图标则显示为橙色或黄色。

③　智能飞行电池电量。实时显示当前智能飞行电池剩余电量及可飞行时间。电池电量进度条上的不同颜色区间表示不同的电量状态。当电量低于报警阈值时，电池图标变成红色，提醒用户尽快降落飞行器并更换电池。点击该图标，则进入"智能电池信息"界面，如图2-8所示。

图2-8　"智能电池信息"界面

④　飞行模式。显示当前的飞行模式，点击该图标则进入"飞控参数设置"界面（图

图2-9 "飞控参数设置"界面

图2-10 "感知设置"界面

图2-11 "遥控器功能设置"界面

图2-12 "图传设置"界面

2-9），在其中可以设置无人机的返航高度、限高、限远等基础设置及感度参数调节等高级设置，还允许用户切换三种飞行模式，即S模式、P模式和T模式。

⑤ 相机参数。显示当前相机的拍摄/录像的相关参数、剩余存储、当前拍摄模式及容量，显示及选择相机自动对焦/手动对焦模式，显示及选择自动光/锁定，显示及控制当前焦距、对焦位置。

⑥ GPS状态。显示GPS信号的强弱，具体表现为卫星的数量和信号的格数。如果卫星数量在10颗以上或信号显示5格，则表示当前GPS信号非常强。

⑦ 视觉系统状态。显示当前无人机视觉系统是否正常，点击该图标，可以进入"感知设置"界面（图2-10），在其中可以对无人机的感知系统、雷达图及辅助照明进行设置。图标绿色时表示当前方向视觉系统生效；红色时表示视觉系统不可用，此时飞行器无避障功能，请谨慎飞行。

⑧ 遥控链路信号质量。显示遥控器与无人机之间遥控信号的质量。如果只有1格信号，则说明当前信号很弱；如果出现5格信号，则说明当前信号很强。点击该图标，可以进入"遥控器功能设置"界面，如图2-11所示。

⑨ 高清图传链路信号质量。显示无人机与遥控器之间的高清图传信号质量。点击该图标，可以进入"图传设置"界面（图2-12）。如果在飞行过程中高清图传图标闪动，表示系统检测到图传信号受到干扰；如果未出现文字警示，则代表此干扰不影响操控体验。

⑩ 电池设置按键。实时显示当前智能飞行电池剩余电量，点击可设置低电量报警阈值，并查看电池信息。可设置存储自放电启动时间。当飞行时发生电池放电电流过高、放电短路、放电温度过高、放电温度过低、电芯损坏等异常情况，界面会出现提示。

⑪ 对焦/测光切换按键。点击该按键可切换对焦/测光模式，在相关模式下点击屏幕画面可进行对焦/测光。其中自动对焦包含连续自动对焦（AFC）功能，此功能将根据飞行器和相机的状态自动触发，无需人为操作。

⑫ 通用设置按键。点击该按键打开通用设置菜单，可设置参数单位、直播平台、航线显示等，如图2-13所示。

图2-13 "通用设置"界面

⑬ 自动曝光锁定。点击该按键可锁定曝光值。

⑭ 云台角度幅度提示。显示云台当前俯仰幅度。

⑮ 拍照/录影切换按键。点击该按键可切换拍照或录影模式。

⑯ 拍照/录影按键。点击该按键可触发相机拍照或开始/停止录影，"录影"按键下方会显示时间码表示当前录影的时间长度，再次点击该按键，录影将停止。按下遥控器上的"拍照/录影"按键也可进行拍照/录影。

⑰ 拍照参数按键。点击该按键进入"拍照与录影的设置"界面，可以设置ISO、快门、曝光补偿参数，也可以选择拍摄模式。Mavic 2 Pro/Zoom支持单拍、连拍、AEB连拍、定时拍与全景拍摄等模式。

⑱ 回放按键。点击"回放"按键查看已拍摄过的照片及视频，可以实时查看所拍摄的素材是否满意。

⑲ 飞行状态参数。

距离（D）：飞行器与返航点水平方向的距离。

高度（H）：飞行器与返航点垂直方向的距离。

水平速度（H.S）：飞行器在水平方向的飞行速度。

垂直速度（V.S）：飞行器在垂直方向的飞行速度。

⑳ 地面缩略图标。点击该图标快速切换至"地图"界面，该地图以高德地图为基础，显示了当前无人机的姿态、飞行方向及雷达功能。点击地图图标可以放大地图显示，

图2-14 "姿态球"界面

点击缩略图右上角的图标，进入姿态球模式（图2-14），其具体含义如下。

  a.红色箭头。飞行器机头朝向。

  b.红色箭头下的绿光。云台相机的方向。

  c.黑色圆点N。正北朝向。

  d.白色小三角。遥控器（移动设备指南针）的朝向。

  e.蓝色与灰色的比例。飞机的倾角姿态。

  f.姿态球的中心点是Home点所处位置。

㉑ 高级辅助飞行图标。图标显示蓝色表示高级辅助飞行功能开启，显示白色时表示该功能关闭。当飞行器前、后视视觉系统关闭时，此功能自动关闭。点击该图标，将弹出"安全警示"提示信息，提示用户在使用遥控器控制无人机向前或向后飞行时，将自动绕开障碍物，点击"确定"按键，即可开启该功能。

㉒ 智能飞行模式。显示是否启用智能飞行模式，可选择不同的智能飞行模式，如兴趣点环绕、一键短片、延时摄影、智能跟随、指点飞行及航点飞行等模式。

㉓ 智能返航。点击此按键，飞行器将即刻自动返航降落并关闭电机。

㉔ 自动起飞/降落。轻触此按键，飞行器将自动起飞或降落。

㉕ 主界面。点击该图标，将返回DJI GO 4的主界面。

三、遥控器界面

  遥控器的状态显示屏可以实时提供飞行数据、智能飞行电池电量等信息，其界面图标详细信息如图2-15所示。

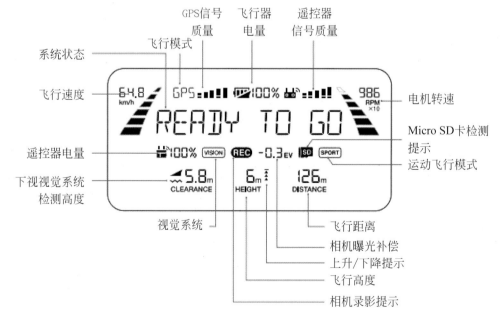

图2-15 遥控器显示屏

单元三

基本飞行模式

一、起飞前的准备

① 检查外观，看在前一次的使用及运输过程当中是否有损坏。

② 仔细检查飞行器、螺旋桨和遥控器的完整性。

③ 确保移动设备、飞行器智能飞行电池和遥控器电池的电量充足。

④ 检查是否有内存卡，确保内存卡的容量充裕。

⑤ 开启电源前，摘除安全防护配件，如云台卡扣等。

⑥ 开始上电检测，先开启遥控器的电源，再开启飞行器的电源。

⑦ 打开App，进入相机界面。

⑧ 启动电机和停止电机测试。

二、飞行条件要求

1.天气及环境要求

请在天气情况以及环境条件良好的情况下进行飞行。为避免可能的伤害和损失，务必遵守以下要求。

① 恶劣天气下请勿飞行，如大风（风速五级及以上）、下雪、下雨、雷电、有雾天气等。

② 请勿在GPS信号不佳（10颗星以下）且地面高度落差较大的情况下飞行（如从楼层室内飞到室外），以免定位功能异常从而影响飞行安全。

2.无线通信要求

① 确保在开阔空旷处操控飞行器。高大的钢筋建筑物、山体、岩石、树林有可能对飞行器上的指南针和GPS信号造成干扰。

② 为防止遥控器与其他无线设备相互干扰，务必在关闭其他无线设备后使用遥控器。

③ 禁止在电磁干扰源附近飞行。电磁干扰源包括但不仅限于：Wi-Fi热点、路由器、蓝牙设备、高压电线、高压输电站、移动电话基站和电视广播信号塔。若没有按照上述规定选择飞行场所，飞行器的无线传输性能将有可能受到干扰，若干扰过大，飞行器将无法正常飞行。

三、起飞与降落

1.一键起飞/降落

在DJI GO 4 App相机界面中显示"起飞准备完毕"（READY TO GO）后，点击"自动起飞"按钮🛫，即可"一键起飞"。需要降落的时候，点击"自动降落"按钮🛬，即可一键降落。

2.手动起飞/降落

手动起飞/降落需要进行掰杆操作来启动/停止电机。常见的操作是双手将操作杆掰至内八字🕹️🕹️或外八字🕹️🕹️。

起飞时，缓慢向上推动油门杆（默认是左摇杆）🕹️，飞行器将起飞。

降落时，向下拉动油门杆🕹️至飞行器落地，在最低位置保持2s，电机即可停止。

四、飞行模式

刚刚接触无人机的使用者，应该时常听到GPS模式、运动模式、姿态模式这些名词，那么它们代表什么含义呢，下面就来进行介绍，如图2-16所示。

图2-16　飞行模式切换

1.GPS模式（GPS MODE）——大疆无人机称"P模式（定位）"

顾名思义，就是无人机使用GPS模块和前视、后视以及下视视觉系统以实现飞行器精确悬停、稳定飞行、智能飞行功能等。导航与控制系统会利用GPS来定位，利用气压计（或其他定高设备，如毫米波、激光雷达等）对飞机进行定位和定高。指点飞行、规划航线等都需要在该模式下进行，适合新手，也是使用最频繁的一种模式。

P模式下，GPS信号良好时（P-GPS），利用GPS可精准定位；GPS信号欠佳，光照条件满足视觉系统需求时（P-OPI），利用视觉系统定位。开启避障功能且光照条件满足视觉系统需求时，最大飞行姿态角为25°，最大飞行速度14m/s（前视）、12m/s（后视）。

在GPS卫星信号差或者指南针受干扰并且不满足视觉定位工作条件（光照条件差）时，将进入姿态（ATT）模式。姿态模式下，飞行器在水平方向将会产生漂移，并且视觉系统以及部分智能飞行模式将无法使用。因此，该模式下飞行器自身无法实现定点悬停以及自主刹车，应尽快降落到安全位置以避免发生事故。同时，应当尽量避免在GPS卫星信号差以及狭窄空间飞行，以免进入姿态模式，导致飞行事故。

2.运动模式（SPORT MODE）——大疆无人机称"S模式"

在该模式无人机通过GPS模块或下视视觉系统实现精确悬停，相比于GPS模式，该模式下操作无人机时灵敏度更高，速度更快，最大飞行速度将会提升至20m/s。当选择使用S模式时，视觉避障功能将自动关闭，飞行器无法自行避障。S模式下不支持智能飞行功能，该模式主要为满足部分熟练飞手体验竞速而设置，不建议新手尝试。

3.T模式（TRIPOD MODE）——大疆无人机称为"三脚架模式"

三脚架模式在P模式的基础上限制了飞行速度，最大飞行速度、上升速度、下降速度均为1m/s，使飞行器在拍摄过程中更稳定。T模式下不支持智能飞行功能。

4.姿态模式（ATTI MODE）——大疆无人机称为"A模式"

该模式，不使用GPS模块和视觉系统进行定位，适合于没有GPS信号或GPS信号不佳的飞行环境。它不启用导航系统，只依赖加速器和陀螺仪来控制飞机姿态，飞机本身的姿态可以保持稳定。

实际操作中，无人机会明显出现漂移，无法悬停，需要飞手通过遥控器来不断修正无人机的位置。姿态模式考验的是飞手对于无人机的操控能力。

5.手动模式——大疆无人机默认没有该模式

一般用到手动模式的，都是玩穿越机的老飞手，这种模式下，无人机的所有动作包括稳定姿态都需要飞手通过遥控器来控制，新手操作的话，比较危险。

大疆无人机可通过遥控器上的飞行模式切换开关进行切换，在DJI GO应用中设置允许切换飞行模式之后便可以自由切换。

五、常用飞行动作

1.遥控器操作杆的操作方式

随着航拍设备安全性和可控性大大提高，只需要数千元就可购买一架入门级的航拍飞行器，回来稍加练习就能进行航拍了。但想要拍出理想的图像并不容易，航拍既是一门技术也是一门艺术，飞手既需要了解相机的设定、摄影的构图及镜头的运动等相关知识，又需要了解飞行器的性能、电池的续航及速度的控制等信息。对设备全面了解后，就需要勤加练习了。在航拍摄影中一般会用到如下拍摄技巧。

无人机的遥控器有两个操作杆（摇杆），操作方式分为"美国手""日本手""中国手"，默认操作模式为"美国手"。

"美国手"就是左手摇杆控制飞行器上升、下降、左转和右转，右手摇杆控制飞行器前进、后退、向左和向右，如图2-17所示。

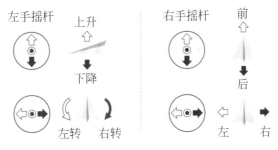

图2-17 "美国手"操控方式

"日本手"就是左手摇杆控制飞行器前进、后退、左转和右转，右手摇杆控制飞行器上升、下降、向左和向右，如图2-18所示。

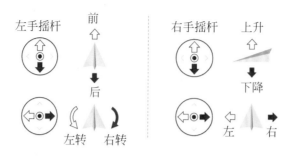

图2-18　"日本手"操控方式

"中国手"也叫"反美国手"，就是左手摇杆控制飞行器前进、后退、向左和向右的飞行，右手摇杆控制飞行器上升、下降、左转和右转，如图2-19所示。

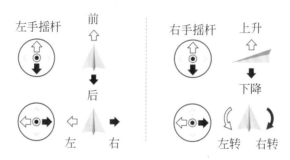

图2-19　"中国手"操控方式

2.常用飞行技巧

无人机最擅长的其实是拍摄，虽然它只使用了简单的镜头"语言"，但是搭配内容充实的美景也能使画面富有冲击力。任何复杂的镜头都是通过基本的飞行轨迹来实现的，下面介绍一些常用的技巧。

（1）垂直升降飞行（坐电梯）

垂直升降飞行方式也就是上升下降的飞行方式，俗称"坐电梯"，有一种向上的力量感，如图2-20所示。

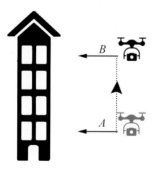

图2-20　垂直升降飞行

向上飞行：无人机启动后，从地面或空中A点垂直升向空中B点的飞行。只需将左手摇杆缓慢往上推即可。

向下飞行：无人机在空中某一高度B处垂直下降至A处或地面的飞行。只需将左手摇杆缓慢往下拉即可。

在垂直方向上可以尝试多种方式，例如，在多层建筑中设定一个对象，在上升或下降的高度变化过程中让镜头跟随该对象；或是在高处寻找一个落幅，在上升中缓慢调整无人机高度和镜头角度获得最佳构图。

垂直上下飞行，镜头可以选择平视或俯仰。垂直上升，镜头俯拍，这种快速拉升的动作镜头从局部迅速扩张至大全景，还可以加上转圈动作，边转边拉升，视觉效果非常震撼。

（2）前进后退：向前/后飞行

向前飞行：无人机在空中A点沿直线向前方B点的飞行。只需将右手摇杆缓慢往上推即可。

向后飞行：无人机在空中B点沿直线向后方A点的飞行。只需将右手摇杆缓慢往下拉即可，如图2-21所示。

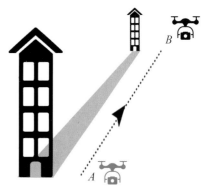

图2-21　向前/后飞行

① 直线向前飞，镜头向前。一般拍摄海岸线、沙漠、山脊、笔直的道路等多用这种手法。画面中镜头向前移动，也可从地面慢慢抬起望向远处，一气呵成。

② 直线向前飞，镜头俯瞰。正俯的镜头常用于拍摄城市、森林，特别是笔直的路、整齐的车辆、树、房子等。直线向前飞，镜头俯瞰，根据高度、速度、拍摄物的不同，以体现规模、数量及整齐度。

③ 直线向后飞，镜头后退。从拍摄主体逐渐扩大到主体所处的环境，给人以柳暗花明又一村的感觉。

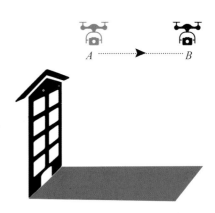

图2-22　向左/右飞行

（3）左右横移：向左/右飞行

向左飞行：无人机在空中B点向左侧A点平行移动的飞行。只需将右手摇杆缓慢往左推即可。

向右飞行：无人机在空中A点向右侧B点平行移动的飞行。只需将右手摇杆缓慢往右推即可，如图2-22所示。

① 横向飞行，镜头平视。像在轨道上横向移动拍摄一样，渐渐移开前景出现背景。

② 横向飞行，镜头俯视。这类镜头往往用来表现壮观的城市市貌、绵延万里的山川河野、万马奔腾的战场、一望无际的辽阔海面等，使观众对视野中的事物产生极具宏观意义的情感。

（4）自旋360°与旋转上升

当无人机升空之后，保持悬停状态，然后进行360°自旋转，如图2-23所示。

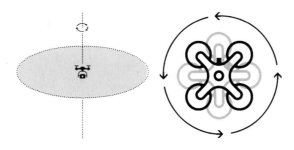

图2-23　无人机360°自旋

① 高空平摇，镜头平视。这是最基本的拍摄手法，常用来拍摄空镜头，用来描述故事的环境要素。可以从左向右（顶视）旋转，具体方法是将无人机升至某一高度，将左手摇杆缓慢向左推动，直至旋转一周。也可以从右向左（顶视）旋转，具体方法是将无人机升至某一高度，将左手摇杆缓慢向右推动，直至旋转一周。

② 高空悬停，镜头垂直向下，俯瞰旋转360°，主要是针对具有特殊意境或比较突出的目标进行拍摄。

③ 旋转上升，当无人机上升到一定高度后，如果将左手摇杆缓慢向左上方（或右上方）推动，无人机将会边旋转边上升，此时如果配合云台拨轮，把镜头从垂直于地平线逐渐调整为45°，这样拍出的镜头一边旋转，一边上升，非常炫酷。此操作区别于环绕飞行与盘旋上升，是无人机定点上升，右手摇杆保持不动。

（5）8字飞行

8字飞行需要双手摇杆配合才能完成，左手控制无人机飞行的航向（相机），右手控制飞行的方向。8字飞行轨迹如图2-24所示，可以先逆时针飞行，再顺时针飞行，飞行顺序1—2—3—4—1—5—6—7。还可以先顺时针飞行，再逆时针飞行，飞行顺序1—5—6—7—1—2—3—4。同理也可进行S线飞行。

（6）方形飞行

方形飞行是指无人机按照正方形或长方形的路线进行飞行。如图2-25所示，无人机升空后到达A点，左手将摇杆向右推，使相机镜头朝向正右侧，松开左手摇杆，将右手摇杆向前缓慢推，使无人机从A点直线飞行至B点，相机始终朝前方。飞至B点后松开右手摇杆，将左手摇杆向左推，直至相机镜头正指向C点，松开左手摇杆，将右手摇杆向上缓慢推进，直至无人机到达C点，以此类推，直至无人机再次回到A点。同理也可进行"之"字飞行。

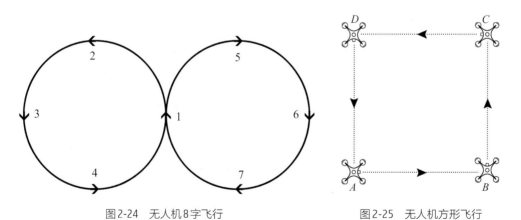

图2-24　无人机8字飞行　　　　　　　图2-25　无人机方形飞行

（7）环绕飞行（轨道环绕）

环绕飞行是指无人机围绕被拍摄对象环绕360°飞行，此飞行模式也被形象地称为"刷锅"，如图2-26所示。环绕飞行，以目标为原点，圆周环绕飞行，针对静态航拍目标，多对立柱目标适用，如旗帜、风车、灯塔、地标建筑等。学会了8字飞行，该飞行就比较轻松了。该操作需要两只手同时控制摇杆，做好协调。如果环绕飞行的半径过大，务必注意电池的电量。

常用的拍摄手法有平行高度转圈和俯拍转圈：平行高度转圈时，飞行器与拍摄主体的高度一致，更能突出拍摄对象；而俯拍转圈时，飞行器比被拍摄物高，速度应相对慢一些。

其实，无人机中还有一种智能飞行模式——兴趣点环绕，该方法让用户预设对象点或航迹，从而实现自动环绕飞行和镜头跟随，只是镜头的拍摄角度有所不同。目前，这一曾经非常有挑战性的手法变成了新手也可以实现的拍摄方式。

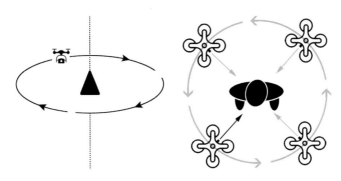

图2-26　无人机环绕飞行

（8）跟随拍摄

跟随拍摄是比较危险的拍摄手法之一（图2-27），因为被摄对象也在快速运动中，无人机不但需要在速度上和镜头里紧跟对象，而且需要看清前方是否有障碍物。这种拍摄可以在高度和角度允许的情况下自由飞行拍摄，跟拍可以在后面、前面和侧面，常常用于拍摄极限运动，如赛车、滑雪、冲浪等，新手可以从慢速运动开始练习，建立信心，再加快被摄对象的运动速度来进阶练习。

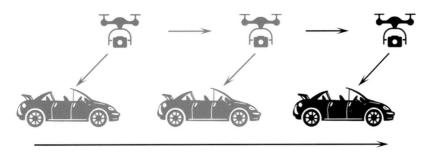

图2-27　无人机跟踪拍摄

目前自动跟踪技术——智能跟踪，已经在越来越多的无人机产品中应用，但无论如何，手动跟踪拍摄都是一项重要的基本功。

（9）直线穿越

直线穿越就是在封闭空间内让摄影机直线飞行，穿越框架结构的空隙，如穿越门、窗、拱桥等。借助无人机，这些镜头比以往任何时候都更容易实现。唯一的问题是，这需要过硬的操控技术，因为一旦接触到障碍物，就会导致器材的受损甚至人员的受伤。对于新手来说，可以从容易的上手，例如选择宽敞的门洞或窗户练习穿越，再逐渐缩小通行空间，如图2-28所示。

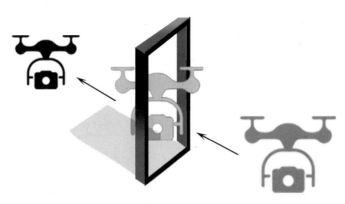

图2-28 无人机穿越飞行

（10）渐近展现飞行

当需要展现被拍摄对象时，可以先让无人机远离对象，镜头朝下，在开始接近被拍摄对象时，配合云台调节拨盘，缓慢上摇镜头，直到展现出对象主体。需要注意的是，如果用户善于利用前景，如树木、窗户或是建筑物等，这些元素离镜头越近，就越能拍摄出更富有冲击力的画面，如图2-29所示。

（11）盘旋上升

镜头垂直向下或俯视，飞机以螺旋的方式上升（将左手摇杆朝左上方向缓慢推进，如图2-30所示）。这种拍摄可以抓住目标特点，以点带面，更显意境。

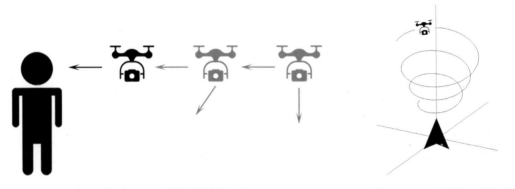

图2-29 无人机渐近展现飞行   图2-30 无人机盘旋上升飞行

（12）前进拉升（或俯冲）与后退拉升

前进拉升要求无人机与被拍摄主体保持一定的高度，适合拍摄陡峭的山峰等，可以突出主体的气势。前进拉升也可以配合云台拨轮逐渐展现镜头进行场景的拍摄，由小场景过渡到大场景。技巧：先调整好镜头，再缓慢平稳地将右侧摇杆向上推（前进），同时将左侧的摇杆也向上推（上升）。与之相反的操作就是俯冲拍摄。注意：①无人机与被拍摄物的距离要适当；②左右手配合要同时，不能太快。

前进俯冲场景变化如图2-31所示。

后退拉升相对前进拉升难度大一些，是以倒退的方式展现镜头。操作无人机对准拍摄对象，根据需要可以分别向斜/后方边后退边拉升完成拍摄。右手向下拉动右摇杆（倒退），同时左手向上推动摇杆（上升），也可以配合"云台俯仰"拨轮，将镜头逐渐向下

(a)　　　　　　　　　　　　　　　　(b)

图2-31　前进俯冲场景变化

倾斜，以展现出需要拍摄的对象和其所处的大环境。技巧：观察无人机后退的航向上是否有障碍物（特别是电线之类的障碍物）；飞行速度不能太快，左右手要多加练习。注意：①因为倒退时，无法通过图传屏幕看到无人机的状态，后面的自动避障功能较差，甚至没有，所以要确保无人机后方没有障碍物；②尽量让无人机在可视范围内飞行。据统计，多数炸机现象（炸机指飞行器在飞行过程中由于各种原因产生的飞行器坠落和坠毁）是由后退拉升引起的。

后退拉升场景变化如图2-32所示。

(a)　　　　　　　　　　　　　　　　(b)

图2-32　后退拉升场景变化

此模式类似于智能拍摄模式中的"渐远"效果。

单元四　无人机航拍参数设置

相信很多摄影"小白"在刚接触无人机的时候，都会在众多参数面前不知所措，其实，了解后就会发现，这些参数都是我们拍摄时不可缺少的小助手，下面就以大疆御Mavic 2为例，介绍无人机在飞行时的一些参数设置，助用户早日拍出理想大片。

一、大疆御 Mavic 2 主要部件参数

1.飞行器的规格参数（表2-1）

表2-1　飞行器的规格参数

起飞重量	Mavic 2 Pro：907g Mavic 2 Zoom：905g
最大上升速度	5 m/s（S模式）、4 m/s（P模式）
最大下降速度	3 m/s（S模式）、3 m/s（P模式）
最大水平飞行速度（无风环境）	72 km/h（S模式）
最大起飞海拔高度	6000 m
最长飞行时间（无风环境）	31min（25 km/h匀速飞行）
最长悬停时间（无风环境）	29min
最大续航里程（无风环境）	18 km（50 km/h匀速飞行）
最大抗风等级	5级风
工作环境温度	−10 ～ 40℃
工作频率	2.400 ～ 2.483GHz/5.725 ～ 5.850GHz
机载内存	8GB

2.云台规格参数（表2-2）

表2-2　云台规格参数

可控转动范围	俯仰：−90°～ +30°
	平移：−75°～ +75°

3.相机的规格参数（表2-3）

表2-3　相机的规格参数

类型	Mavic 2 Pro	Mavic 2 Zoom
影像传感器	1英寸CMOS	1/2.3 英寸CMOS
	有效像素2000万	有效像素1200万
镜头	视角：77°	视角：约83°（24mm）；约48°（48mm）
	等效焦距：28mm	等效焦距：24 ～ 48mm
	光圈：F2.8 ～ F11	光圈：F2.8（24mm）～ F3.8（48mm）
	对焦点：1m至无穷远（带自动对焦）	对焦点：0.5m至无穷远（带自动对焦）
ISO范围	视频：100 ～ 6400	视频：100 ～ 3200
	照片：100 ～ 3200（自动）、100 ～ 12800（手动）	照片：100 ～ 1600（自动）、100 ～ 3200（手动）

类型	Mavic 2 Pro	Mavic 2 Zoom
快门速度	电子快门：8 ～ 1/8000s	电子快门：8 ～ 1/8000s
最大照片尺寸	5472 像素 ×3648 像素	4000 像素 ×3000 像素
照片拍摄模式	单张拍摄	单张拍摄
	多张连拍（BURST）：3/5 张	多张连拍（BURST）：3/5/7 张
	自动包围曝光（AEB）：3/5 张@0.7EV 步长	自动包围曝光（AEB）：3/5 张@0.7EV 步长
	定时拍摄（间隔：2/3/5/7/10/15/20/30/60s；RAW：5/7/10/15/20/30/60s）	定时拍摄（间隔：2/3/5/7/10/15/20/30/60s；RAW：5/7/10/15/20/30/60s）
录像分辨率	4K：3840 像素 ×2160 像素 24/25/30p	4K：3840 像素 ×2160 像素 24/25/30p
	2.7K：2688 像素 ×1512 像素 24/25/30/48/50/60p	2.7K：2688 像素 ×1512 像素 24/25/30/48/50/60p
	FHD：1920 像素 ×1080 像素 24/25/30/48/50/60/120p	FHD：1920 像素 ×1080 像素 24/25/30/48/50/60/ 120p
视频最大码率	100 Mbps	100 Mbps
色彩模式	Dlog-M（10bit）	D-Cinelike
支持文件系统	FAT32（≤ 32 GB）、exFAT（＞ 32 GB）	FAT32（≤ 32 GB）、exFAT（＞ 32 GB）
图片格式	JPEG / DNG（RAW）	JPEG/DNG（RAW）
视频格式	MP4/MOV（MPEG-4 AVC/H.264，HEVC/H.265）	MP4/MOV（MPEG-4 AVC/H.264，HEVC/H.265）

4.遥控器规格参数（表2-4）

表2-4　遥控器规格参数

工作频率	2.400 ～ 2.483GHz；5.725 ～ 5.850GHz	
最大信号有效距离（无干扰、无遮挡）	FCC：8000m	
	CE：5000m	
	SRRC：5000m	
	MIC：5000m	
工作环境温度	0 ～ 40℃	
内置电池	3950 mA·h	
工作电流/电压	1800mA/3.83V	
支持接口类型	Lightning，Micro USB（Type-B），USB-C	

二、摄影曝光三要素：光圈、快门、感光度（ISO）

　　曝光是摄影中经常被提到的一个术语，通俗地讲，曝光就是照片的明暗程度。光圈、快门、感光度（ISO）是影响曝光的 3 个重要参数，被称为曝光三要素。这三个要素可以控制照片的亮度，决定照片的影调。

1.光圈

光圈是一个用来控制光线透过镜头进入机身内感光面通光量的装置。用F数值（也称F系数）表示光圈大小，F值越小，光圈（光孔）越大；F值越大，光圈（光孔）越小。连续的光圈系数中，前一档是后一档通光量的两倍，例如F2.8是大光圈，F4是小光圈，F2.8的通光量是F4通光量的两倍，所以前者的进光量多，画面更亮。

光圈除了控制通光量，还可以控制画面的景深（最近清晰点至最远清晰点之间的清晰范围，代表照片的虚实）。光圈小，景深大，画面更清晰；光圈大，景深小，背景虚化效果好。

但是，对于无人机来说，拍摄的一般是大场景。Mavic 2 Pro相机光圈范围为F2.8～F11。F2.8光圈和F11光圈的景深相差不大，清晰范围差不多。而Mavic 2 Zoom的光圈为F2.8（24mm）～F3.8（48mm）。

2.快门

快门是相机中用来控制光线摄入感光元件时间长短的装置，我们用快门速度来表示，快门速度影响控制曝光时间，常见的快门速度有30s、15s、8s、4s、2s、1s、1/2s、1/4s、1/8s、1/15s、1/30s、…、1/250s、1/500s等。快门速度越快，曝光时间越短，进光量越少；快门速度越慢，曝光时间越长，进光量越大。

快门除了控制曝光时间，还影响画面的虚实效果。高速快门适合捕捉瞬间状态，快速定格画面，凝固影像；慢速快门适合拍摄慢动作，形成独特的慢门效果，如光的轨迹、水流拉丝、雾化效果等。

Mavic 2 Pro/Zoom拍摄照片时，快门速度从1/8000s到8s；拍摄视频时，快门速度可从1/8000s到1/30s。

3.感光度（ISO）

感光度是指感光元件对光线的敏感程度，感光度（ISO）的值越高，画面越明亮，但噪点也越多，画质越差；反之，感光度（ISO）的值越低，画面越暗淡，画质也越好。

Mavic 2 Pro拍视频时，ISO的范围为100～6400。拍照片时，自动模式下ISO的范围为100～3200；手动拍摄时为100～12800。

Mavic 2 Zoom拍视频时，ISO的范围为100～3200。拍照片时，自动模式下ISO的范围为100～1600；手动拍摄时为100～3200。

ISO的设置遵循一个原则——"能小则小"，以此来确保照片画质良好。一般来说，白天光线好的时候ISO设置为100，在暗光环境下才会根据需要提高ISO设置值。另外，拍瀑布、海面或慢门夜景时，为了延长曝光时间，也需要把ISO设置为100。

三、曝光模式

大疆御Mavic 2专业版无人机相机有四种曝光模式：AUTO（自动）、A（光圈优先）、S（快门优先）和M（手动）。大疆御Mavic 2变焦版无人机相机仅有自动和手动两种模式。下面以专业版为例进行讲解。

在DJI GO 4 App的相机界面，点击红圈内的按钮可以选择曝光模式，每种模式的功能如下。

1. AUTO挡

AUTO挡的光圈和快门都是由相机根据测光结果确定的，我们无法调整，新手推荐使用这个模式。在这种模式下，我们可以在画面最下方调整曝光补偿（EV值），它以曝光标尺的形式出现。曝光补偿是指在相机测光的基础上增加或减少画面的亮度。如果我们认为相机给出的曝光效果偏暗，可以增加曝光补偿让画面拍得亮一些；如果认为相机给出的曝光效果偏亮，可以通过减少曝光补偿让画面拍得暗一些。

曝光补偿可以遵循"白加黑减"的原则：拍大范围的白色的物体（如下雪天）要适当增加曝光补偿，即拍摄画面要更亮一些；拍大范围的黑色物体（如阴影）要减少曝光补偿，即拍摄画面要更暗一些。

2. 光圈优先（A）

光圈优先（A）是由用户来确定光圈大小，相机根据测光结果自动确定快门速度。在光圈优先模式下，可以调整曝光补偿。光圈优先是最常用的一种曝光模式，因为我们只需要调整一个参数，可以集中精力取景构图。

光圈优先用于对景深要求不同的场景，例如风景，需要使用小光圈，可以拍摄到较大范围的清晰图像；相反，人像自拍，使用大光圈时可以虚化背景，以达到突出主体的效果。

3. 快门优先（S）

快门优先（S）是由我们确定快门速度，相机根据测光结果自动确定光圈大小。在快门优先模式下，可以调整曝光补偿。

快门优先用于拍摄运动物体，根据拍摄目标的速度来自动决定快门，有效保证主体清晰。

4. 手动挡（M）

手动挡（M）是光圈和快门都由我们确定，这种模式下需要调整光圈和快门两个参数。M挡是无法使用曝光补偿的。

以上四种模式，除自动模式外，其他三种模式没有高下之分，可以根据自己的需要和习惯进行选择。

四、拍摄模式设置

在"相机"界面点击"相机"图标可以设置拍照模式、照片比例、照片格式、白平衡、风格和色彩等，如果在拍视频状态，可以设置视频尺寸、视频格式、白平衡、风格、色彩、编码格式、照片格式等。

1. 拍摄模式设置

① 拍照模式。大疆御Mavic 2的拍照模式有以下几种：单拍、连拍、HDR、AEB连拍、纯净夜拍（变焦版才有）、定时拍摄、全景。合理地利用好不同的拍照模式，能够为

图 2-33 "拍照模式"设置界面

图 2-34 "照片比例"设置界面

图 2-35 "照片格式"设置界面

图 2-36 "白平衡"设置界面

照片后期处理提供更多可用的素材,如图 2-33 所示。

单拍:最常见的拍照模式,按一下快门拍摄一张照片。

HDR:拍摄高动态范围图像,相比一般照片可以提供更多细节与动态范围,与 AEB 连拍模式相似,通过不同的曝光补偿值进行拍摄并最终合成一张成品图,适合大光比场景。

纯净夜景:拍摄纯净的夜景,适合不会后期处理的用户拍摄夜景。

连拍:一次性拍摄 3 张或 5 张照片,用于风速较大的时候或者夜间拍摄后期合成,有效提高出片率。拍摄主体中有明显的运动对象,也可以用该模式。

AEB 连拍:自动包围曝光,开启后,无人机会使用不同的曝光补偿值连续拍摄 3 张或 5 张照片(分别为标准、欠曝、过曝),通过机内自动合成,可以获得一张曝光正确、动态范围比较大的照片。

定时拍摄:按照指定的时间间隔拍摄照片。

全景:包含球形、180°、广角、竖拍和超解析(变焦版才有)。针对不同的物体和景观表现主题可以选择一种适合的拍摄方式。

② 照片比例。可设置为 4 : 3 或 16 : 9 两种比例,如图 2-34 所示。

③ 照片格式。可选择 RAW、JPEG、JPEG+RAW 三种格式,建议设置成 JPEG+RAW,其中 JPEG 用于即时分享,RAW 保留了传感器的原始信息,在后期上能够提供更多处理空间。如果想在航拍摄影后期上精进的话,建议采用 RAW 格式进行拍摄,由于存储量较大,写入速度也会相对较慢,如图 2-35 所示。

④ 白平衡。白平衡可以根据现场情况选择,一般设置为 AWB 自动即可,如图 2-36 所示。

⑤ 风格设置为风光，如图2-37所示。

⑥ 色彩。照片的色彩空间只能选择普通。

2. 视频模式

（1）视频尺寸

在"视频尺寸"界面中共有三种视频尺寸（图2-38），分别是4K：3840×2160 HQ 24/25/30p；2.7K：2688×1512 24/25/30/48/50/60p；FHD：1920×1080 24/25/30/48/50/60/120p。如果没有超高清视频需求或对视频裁剪有需要，想要快速简单地分享，最好选择1080p分辨率。拍摄近景或运动物体的时候可以使用4K/60帧进行拍摄，后期不仅可以裁剪放大，还能慢放获得升格的效果。当然，拍摄4K分辨率视频对内存卡和计算机都有较高要求，后期时可选择使用代理剪辑4K视频。

图2-37 "风格"设置界面

图2-38 "视频尺寸"界面

（2）视频格式

在无人机相机设置中，有两种格式可供用户选择：一种是MOV格式；另一种是MP4格式。

MOV格式是Apple公司开发的一种音频、视频文件格式，即QuickTime影片格式。QuickTime因具有跨平台、存储空间要求小等技术特点，从而采用了有损压缩方式的MOV格式文件，画面效果较AVI格式要稍微好一些。

MP4格式是一套用于音频、视频信息的压缩编码标准，该格式画质清晰、容量小，是一种常见的视频格式。

单元五
航拍过程中的注意事项及应急处理

无人机航拍是航空应用领域的一个新兴行业，也是高风险的飞行作业。航拍说到底就是操控技术和摄影技术的完美结合，缺一不可，如今无人机航拍已经广泛地应用到了多个行业和领域。看似非常轻松自如，然而在高空飞行中依旧会遇到种种不可预测的突发险情，例如突然失去图传、突然失去控制、飞行中遇到鸟类、突遇大风天气、GPS信号丢失、返航电力不足等。本节将向大家介绍如何处理这些事件。

一、失联

1.夜航失联

如果飞手在飞行时突然找不到无人机了，例如，深夜飞行或者超过视域看不到了，此时不要紧张。在DJI GO 4 App飞行界面左下角，点击地图预览，打开"地图"界面，将红色飞机的箭头对准自己的方向，通过拨动摇杆将无人机飞回来即可。也可以在确保安全的情况下，采用智能返航的方式将无人机飞回来。

2.GPS信号失联

当无人机飞行区域周边有高压线、电视信号塔或强磁场时，飞行信号就会受到一定的干扰，此时GPS信号会丢失或较弱，DJI GO 4 App飞行界面左上角会提示用户"GPS信号弱，已自动进入姿态模式，飞行器将不会悬停，请谨慎飞行"。此时，无人机已自动切换到姿态模式或者视觉定位模式，用户不要慌张，轻微调整摇杆，以保持无人机的稳定飞行，然后尽快将无人机飞出干扰区域，或者在一个相对安全的环境中降落无人机，以免出现炸机的危险。

3.图传信号丢失

由于航路上的矿山磁场、高压电力磁场、移动信号磁场等对无人机的干扰，航拍时会出现实时图传中断（飞行界面黑屏）、控制信号消失等险情。此时，应保持无人机悬停，不要着急拨动摇杆，首先观察无人机与遥控器的连接是否正常，如果遥控器指示灯为绿灯，则表示遥控器与无人机的连接是正常的，有可能是带屏遥控器或手机卡机了，导致App闪退引起的黑屏和中断，用户可以重新启动DJI GO 4 App，查看图传信号是否已恢复，如果还没有恢复，可以通过遥控器进行手动返航。

4.遥控器信号中断

在飞行的过程中，如果遥控器的信号中断了，这个时候千万不要去随意拨动摇杆，先观察一下遥控器的指示灯，如果指示灯显示为红色，则表示遥控器与无人机已中断，这个时候无人机会自动返航，用户只需要在原地等待无人机返回即可，调整好遥控器的天线，随时观察遥控器的信号是否已与无人机连接上。

当用户恢复遥控器与无人机的信号连接后，要尽快找出信号中断的原因，以免再次遇到这种情况。

5.指南针受到干扰

无人机进入高磁场干扰空域，会出现回传信号时弱、时强、时断、时续，指南针误动出现干扰提示，DJI GO 4 App左上角的状态栏中会显示指南针异常的红色信息提示"请移动飞机或校准指南针"，此时应该切换到姿态模式，迅速脱离磁场干扰区，或采取"一键返航"措施，在无干扰的地方，重新上电后校准指南针。

二、返航时电量不足

很多用户在飞行无人机的时候，没有关注无人机的电量情况，导致没有留出足够的电量来返航，这个时候该怎么办呢?用户应尽快降落飞行器，否则，在电量耗尽时，飞行器将会直接坠落，导致飞行器损坏或者引发其他危险。

如果剩余电量过少，则尽快通过无人机先观察一下周围或地面的情况，边返航边降落，尽量找到一个相对比较安全的环境"降落"，然后尽快找回无人机。

三、炸机

1.常见炸机原因

新手们最容易产生炸机事故的原因，除违反飞行规定被反无人机枪（反无人机干扰枪、反无人机电磁枪）"击落"外，大部分事故发生的原因如下。

① 不看说明书就匆忙首飞。很多用户根本没有这个意识，觉得飞行器看起来很简单，结果兴冲冲地立即上手。有些人只会起飞，不会降落，结果往往"第一次飞行"就成了"最后一次飞行"。还有一些细节，例如，没有更改默认的返航飞行高度，但周边有大量高楼或其他障碍物。

② 起飞前不严格做好各类检查。例如桨叶或者其他部件没有安装好导致无人机在空中姿态不稳定，大幅度漂移。

③ 忽视或者无视飞行中出现的警告。例如在高空中遇到大风后不立即降低高度并全力回飞；提示GPS信号弱或者受干扰依然坚持飞行。

下面事故将完全由飞手承担。

④ 夏天温度过高、冬天气温低导致电池性能下降，此时就必须为无人机预留充足的返回电力。

⑤ 只顾着观看监视画面而没有留意无人机。包括倒飞意外撞到树枝、建筑、路牌的；无人机周边有风筝或者有飞鸟飞过而不肯立即采取避让措施的情况。

2.无人机飞丢或炸机后的救援

在飞丢无人机或炸机后，通常的救援核心是将无人机捡回来进行维修，以此减少损失。特别是无人机航拍的内容非常重要时，找回无人机就更为重要了。

一般的救援方案有三步：第一步，找到断电前的最后GPS定位地址；第二步，围绕无人机坠落的最后地址进行勘测，找到准确的坠落位置，发现残骸；第三步，利用各种方式将无人机回收。

（1）水域中炸机

当我们在江、河、湖、海、池塘等水域上空飞行无人机时，即使是小心地操控无人机，也难免会遇上一些不确定因素的干扰，例如，在船上降落时无人机不小心撞到船上，无人机被海鸥、鹰等飞鸟袭击导致事故发生。

落水后的无人机救援，唯一的选择就是潜水回收！首先需要确定无人机落水的具体位置，找到最后一次与遥控器连接时的GPS定位，分析无人机在落水后可能漂往的方向，找到无人机的残骸。也可以请职业捞机人——"蛙人"下水搜寻无人机的残骸。

（2）山区中炸机

在山区中飞行时，飞到山背以后，丢失了信号，触发自动返航，在返航的过程中，撞到山里了，该怎么回收呢？寻找的步骤依旧是前面提到的三步。

在搜救的过程中，最大的难点还是搜寻无人机的具体位置。由于山区中树木都比较高，遮挡了搜寻的视线，增加了搜寻的难度，提高效率的方法之一，就是使用能高倍放大的航拍相机（如大疆禅思Z30）近距离查看无人机的坠落位置。

在搜寻过程中，需要同时注意搜寻的无人机的飞行安全，不能造成第二次炸机事件。

（3）城市中炸机

在城市中飞行，炸机的位置一般是人们能够找到的位置。而对于一些比较特殊的位置，需要使用两架无人机，一架无人机用于整个救援过程的图像直播，另一架无人机则是动力较强的无人机（六轴、八轴），作为吊载的机器。

对于炸机这样的突发事件，用户不要紧张，尽快确定无人机准确的炸机位置是成功找到无人机的关键因素，随着时间的增加，无人机的位置会发生二次改变，搜救就变得更加困难了。因此，这里呼吁大家能够安全飞行，避免发生炸机事故。

拓展资料

大疆无人机失联后的找回

如果不知道无人机失联前在天空中的具体位置，此时可以联系大疆的客服，通过客服的帮助寻回无人机。当然，也可以在当地请专门的团队来找回。

除寻求他人的帮忙外，也可以自己尝试寻回无人机，具体步骤如下。

方案一：

① 进入DJI GO 4首页，点击页面右上角 ≡ 按钮进入功能菜单。

② 进入"找飞机"选项，点击地图上的"飞行器"图标，通过坐标信息与开启飞行器声音和闪灯来显示丢失的无人机位置。

图2-39　DJI GO 4设备首页　图2-40　"飞行记录"选项

方案二：

① 进入DJI GO 4首页，点击页面右上角 ≡ 按钮进入功能菜单，如图2-39所示。

② 进入"飞行记录"选项（图2-40），在个人中心界面的底部找到"记录列表"，找到最后一条飞行记录。

③ 打开最后一条飞行记录的地图界面，将底端的播放进度条滑至右侧，此时可以看到飞机最后飞行时刻的坐标值。通过该坐标值，可以找到无人机的大概位置（误差在10m以内），如图2-41～图2-43所示。

 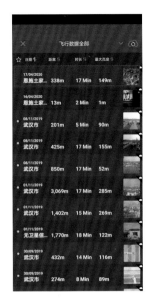 

图2-41 "记录列表"界面　　　图2-42 "飞行数据全部"界面　　图2-43 最后飞行时刻的坐标值

　　对于日常飞行频率较高的飞手，建议购买大疆公司的"DJI CARE"随心换计划，可以提供一年两次置换服务，面对进水、碰撞等多重意外，只需支付一定的置换费，即可获得符合出厂标准的全新或与全新产品具有相同性能和可靠性的产品。但如果找不到无人机的残骸，那就只能自己承担所有损失了。

模块三

飞行拍摄进阶

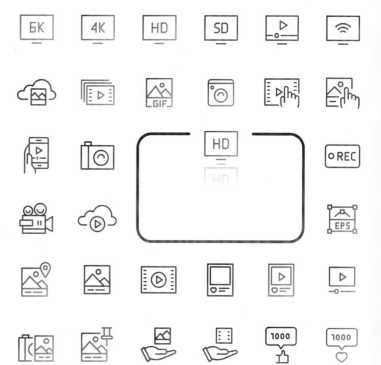

单元一

几种特殊拍摄模式

我们在旅游或者在拍摄城市风光时，当遇到壮阔的大场景，会用广角镜头让画面更具视觉冲击力。但广角镜头的视野毕竟受限制，再广的镜头也拍不下眼前的大场景，这时全景拍摄就派上了用场。全景拍摄就是前期拍摄多张照片后期用特定的软件拼合成一张大照片的技术。

全景拍摄特别适合拍摄城市风光，可以把一个城市全部拍到一张超大照片里。由于无人机比较灵活，在拍摄全景照片时具有很大的优势，大疆御Mavic 2无人机更是具有"一键全景"的功能，只要在DJI GO 4 App上用手指轻点，无人机就可以自动完成全景拍摄，轻松拍出亿级像素大片。

大疆Mavic 2 Zoom的全景拍摄功能包括五个选项：球形、180°、广角、竖拍和超解析，如图3-1所示，针对不同的物体和景观表现主题可以选择适合的拍摄方式。此外，大疆御Mavic 2增加了照片自动合成的功能，无论采用哪种方式拍完数张照片后，飞行器都会自动合成一张全景照片，省下了后期计算机合成的麻烦。

图3-1　全景模式拍照界面

1.球形全景（3×8+1）

采用球形全景开始拍摄后，大疆御Mavic 2将自动旋转并转动云台拍摄3×8+1共25张照片，保证360°都拍摄到，然后自动拼接成一张球形全景照片。我们可以将保存到相册里的全景照片上传到天空之城等网站上查看分享，如图3-2所示。

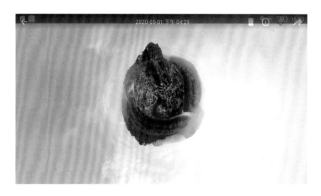

图3-2　球形全景拍摄效果

2.180°全景（3×7）

拍摄180°全景时，大疆御Mavic 2将自动旋转并拍摄21张照片，以地平线为中心线，天空和地面各10张照片，如图3-3所示。

图3-3　180°全景拍摄效果

3.广角全景（3×3）

相机会在水平和垂直方向上拍摄角度不同的9张照片后，将其合成为一张全景图，画面同样以地平线为中心线，拼接后的照片呈正方形，如图3-4所示。

4.竖拍全景（3×1）

相机会在垂直方向（以地平线为中心线）拍摄3张照片后，将其合成一张竖拍全景图，给人一种上下延伸的感觉，特别适合表现高楼大厦的延伸感和道路的纵深感，如图3-5所示。

5.超解析全景（3×3+1）

调整构图后按下快门键，云台就会自动转动到不同角度，用48mm的焦距拍摄9张照片，再将这9张照片合成一张等效焦距为24mm的照片，最终出来的照片分辨率达到8000像素×6000像素，总共4800万像素，是普通拍摄模式的4倍，既有广角焦距带来的更大视野，又有中焦距带来的更多细节，如图3-6所示。

除可以在机身自动合成全景图外，还可以利用合成软件Kolor Autopano Giga、PTGui、Photoshop、Lightroom等进行后期合成。

图3-4　广角全景拍摄效果

图3-5　竖拍全景拍摄效果

图3-6　超解析全景拍摄效果

单元二 ———— 包围曝光拍摄和HDR拍摄

1.自动包围曝光

自动包围曝光（Auto Exposure Bracketing，AEB）是一种通过对同一对象拍摄曝光量不同的多张照片并"包围"在一起，以获得正确曝光照片的方法。"自动"是指照相机会自动对被拍摄对象连续拍摄3张或5张曝光量为0.3～2.0EV的照片，每张照片曝光量不同。

在"拍照模式"中选择"AEB连拍"选项，连拍张数可以选择3或者5（此处选择"5"），在选定好拍摄主体后，按下快门，将自动连续拍摄5张不同曝光量的照片。在计算机中可以查看AEB 5连拍下图片的不同属性（RAW文件DNG格式），如图3-7所示。

2.高动态范围图像（HDR）

高动态范围图像（High-Dynamic Range，HDR）指的是高动态范围照片合成技术。简而言之，就是把几张不同曝光量的照片合并到一起，找回大光比环境中的高光和阴影细节，相比普通的图像，可以提供更多的动态范围和图像细节。例如，图3-8所示的环境，单张拍摄必然欠曝或者过曝。使用包围曝光拍摄，后期HDR合成后，得到了亮部和暗部都有细节的照片。如图3-9所示。

图3-7　AEB连拍模式界面

图3-8　HDR拍照模式界面

图3-9　HDR拍摄界面

单元三

智能飞行拍摄

随着无人机智能化技术的提高，现在的多数无人机已经具备智能飞行模式，可以帮助初学者快速掌握飞行技巧，快速成长为航拍高手，让人们得到更好的飞行拍摄体验。本节主要以大疆御 Mavic 2 为例介绍几种常见的智能飞行模式，包括延时摄影、一键短片、智能跟随、兴趣点环绕、航点飞行、指点飞行、影像模式等。

一、延时摄影

延时摄影是摄影师通过拍摄照片或视频来压缩缓慢的环境变化过程，以快速、直接的方式呈现出大千世界的动态之美，给人以极强的视觉冲击，常用于拍摄车流的动作、日月星辰的运动、乱云飞渡的流动场面、云海的起伏等。

在延时摄影前，需做好照片拍摄的参数设置，建议使用最简单、最统一的手动曝光模式，手动设置感光度和白平衡，以避免自动模式下相机会根据光线变化而自动调整感光度，造成一段延时摄影序列照片中出现忽明忽暗、曝光不匀的状况。另外，在画幅设置上，建议选择4：3，以便在后期制作中有剪裁和防抖缩减画幅的余地。

大疆御 Mavic 2 智能模式中的延时摄影一共有四种，分别是自由延时、环绕延时、定向延时和轨迹延时。

1.自由延时

通过设置参数，飞行器将在设定时间内自动拍摄一定数量的照片，并生成延时视频。未起飞状态下，可在地面进行拍摄；起飞状态下，可以通过打杆自由控制飞行器和云台角度，保持打杆状态2s并按下遥控器C1按键可进入定速巡航，此时飞行器将保持进入时的飞行速度进行拍摄，定速巡航状态下仍然可以自由打杆调整飞行方向。操作步骤如下。

① 在 DJI GO 4 App 飞行界面中，点击左侧"智能模式"按钮，在弹出的界面中选择"延时摄影"选项，如图3-10所示。

② 进入"延时摄影"拍摄模式后，在下方点击"自由延时"按钮，如图3-11所示。

③ 此时弹出信息提示框，阅读完后，点击"好的"按钮，如图3-12所示。

图3-10　智能模式选择界面

④ 进入"自由延时"拍摄模式，设置拍摄参数，包括拍摄间隔、合成视频时长等，屏幕将自动显示拍摄张数和拍摄所需时间。点击右侧红色"GO"按钮。

⑤ 开始拍摄多张照片，并显示拍摄进度，拍摄即将结束时会有语音提示，如图3-13所示。

⑥ 拍摄完成后，界面下方提示"正在合成视频"。视频合成完成，点击回放可以看到这一段延时视频。如图3-14所示。

图3-11　延时摄影拍摄界面

图3-12　自由延时信息提示

图3-13　自由延时拍摄中

图3-14　正在合成视频

2.环绕延时

选择兴趣点，飞行器将在环绕兴趣点飞行的过程中拍摄延时影像。开始拍摄前可选择顺时针飞行和逆时针飞行。拍摄过程中，若打杆，则自动退出任务。操作步骤如下。

①　在"延时摄影"拍摄模式中选择"环绕延时"按钮，此时弹出信息提示框，阅读完后，点击"好的"按钮，如图3-15所示。

②　进入"环绕延时"拍摄模式后，用手指在App界面上滑动选中一个反差界限清楚、可以相对容易被照相机辨认的景物，框选出一个绿色方格，套住该景物，如图3-16所示。

图3-15　环绕延时信息提示

图3-16　环绕延时框选绿色方格

③　设置"拍摄间隔"和"视频时长"，选定是逆时针方向还是顺时针方向环绕拍摄。设置好以后，点击右侧红色圆圈中"GO"按钮，无人机进入自动计算过程。

④　屏幕上显示"目标位置测算中，请勿操作飞行器"字样。这个过程是无人机根据设置的拍摄间隔和视频时长，自动计算环绕的半径和距离（如果要停止该项操作，可

图3-17 环绕延时目标测算

以点击屏幕左侧的红色圆圈"✕"按钮）。稍等片刻，无人机计算完成后显示"测算完成，开始任务"（图3-17），就开始进入单张照片的环绕拍摄工作。拍摄过程中不要对遥控器做任何操作，如果拨动摇杆，拍摄就会停止。如图3-18所示。

⑤ 拍摄完成后，屏幕上会显示"正在合成视频"字样，稍等片刻，视频合成完毕，点击回放，就可以观看这段延时是否拍摄成功。如图3-19所示。

图3-18 环绕延时拍摄中

图3-19 合成视频

3.定向延时

选择兴趣点及航向，飞行器将在定向飞行的过程中拍摄延时影像。拍摄过程中，若打杆，则自动退出任务。在定向模式下，也可以不选择兴趣点，只定向飞行，在只定向的情况下，可打杆控制方向和云台。操作步骤如下。

① 在"延时摄影"拍摄模式中选择"定向延时"按钮，此时弹出信息提示框，阅读完后点击"好的"按钮，如图3-20所示。

② 设置拍摄参数，包括拍摄间隔、视频时长等，把无人机对准拍摄的目标方向，然后点击航向锁定符号。如图3-21所示。

图3-20 定向延时信息提示

图3-21 设置定向延时拍摄参数

③ 当界面上显示出"航向已锁定"字样后，点击右侧的红色圆圈"GO"按钮启动定向延时拍摄，如图3-22所示。

④ 拍摄完成后，屏幕上会显示"正在合成视频"字样，稍等片刻，视频合成完毕，点击回放，就可以观看这段延时是否拍摄成功。如图3-23所示。

图3-22　启动定向延时拍摄

图3-23　合成视频

4.轨迹延时

轨迹延时就是把无人机飞行的轨迹分几个关键点记录下来，在App界面上逐一添加规划点，规划出一条理想的飞行路线。轨迹延时最大的特点，是可以把无人机飞行中不同的规划点，包括飞行航向、高度、速度、相机仰俯角度等主要参数记载下来，还能把这条飞行路线保存下来，在其他飞行作业中点击载入这条飞行路线，即可让无人机再次按照这条路线飞行。例如日转夜延时摄影，由于时间跨度较大，我们可以在白天和傍晚分别飞行两次，然后把两条飞行轨迹相同的视频放在一起，前半段用白天飞的视频，后半段用傍晚飞的视频进行合成，就可以得到非常有趣的日转夜延时摄影。

下面介绍轨迹延时的操作方法。

① 在DJI GO 4 App飞行界面中，点击左侧"智能模式"按钮，在弹出的界面中选择"延时摄影"，在"延时摄影"拍摄模式中选择子模式"轨迹延时"。

② 把无人机对准选择的第一个画面兴趣点，然后点击画面下方蓝色方块中的加号"⊕"，记录第一个规划点。之后，界面上会出现第二个加号"⊕"，继续添加记录第二个规划点。以此类推，最多可以记录5个航线规划点。如果在记录下一个规划点前，界面上出现"镜头朝向变化过大"提示，则表示不允许记录这个规划点。此时左右水平转动镜头的拍摄方向，直到出现"合适"字样，即可记录该规划点，如图3-24所示。

③ 确认正序或倒序运行轨迹规划。点击黑方块内白圆圈中的"正序"选项，即可切换到"倒序"模式。正序的意思是从第一个规划点飞到最后一个规划点，倒序是从最后一个规划点飞到第一个规划点。

如果设置了过长的轨迹，无人机会根据电池状态和拍摄张数自动计算该轨迹规划是否合理。如果不合理，则会出现"根据轨迹长度，视频时长自动调整为X秒（s）"提示，需要重新规划、设计轨迹。已经规划好的规划点上有一个垃圾桶符号，点击垃圾桶就可以删除已经规划好

图3-24　轨迹延时航线规划点设置

图 3-25　轨迹延时航线规划点的删除

的一个或所有规划点，如图3-25所示。

④ 如果规划的规划点合理，视频时长和拍摄张数符合要求，此时点击"保存"按钮，即可把这个轨迹规划存储下来。再点击右侧的红色圆圈"GO"按钮，无人机就开始按轨迹规划飞行并进行拍摄。如果要终止此次飞行，点击左侧的红色圆圈"×"按钮，即可停止这次轨迹飞行。

⑤ 调用已经存储的轨迹规划。

第一步，点击画面左侧的文件符号【🗐】，就会出现界面中的黑色"任务库"窗口。

第二步，在"任务库"窗口中选择已经存储的规划任务，点击蓝色"载入"字样，无人机就会把这个轨迹规划加载到飞控中，点击右侧的红色圆圈"GO"按钮，无人机就会自动飞行到设定的第一个规划点，开始按规划拍摄。

二、智能跟随

御Mavic 2基于图像的智能跟随，对人、车、船等有识别功能。飞行器在跟随不同类型物体时将采用不同的跟随策略。用户可通过点击DJI GO 4 App中的相机界面的实景图选定目标，飞行器可同时检测多达16个目标。用户点击目标后，飞行器将通过云台相机跟踪目标，与目标保持一定距离并跟随飞行。此时有普通、平行、锁定等三个选项可选，整个跟随过程无需借助GPS外置设备，如图3-26所示。操作步骤如下。

① 在DJI GO 4 App的相机界面，点击⊙图标，选择智能跟随并阅读注意事项。

② 在"智能跟随"模式中，框选或轻触屏幕选择需要跟随的目标。点击确认后，目标对象将显示绿色的锁定框，飞行器将与目标保持一定距离并跟随飞行。若出现红框，请调整飞行器位置或可重新选择目标。使用智能跟随飞行过程中，飞行器会根据视觉系统提供的数据判断是否有障碍物，检测到障碍物时，飞行器将尝试绕开障碍物，如图3-26所示。

③ 目标对象移动后，无人机将跟随目标智能飞行，此时按下视频录制按键，即可录制短视频。点击屏幕左侧的红色圆圈"×"按钮，即可停止该项操作。

大疆御Mavic 2提供的智能跟随，是升级后的智能跟随2.0技术，与其相辅相成的是大疆御Mavic 2全面升级的FlightAutonomy安全系统，为其提供了六向环境感知能力。智能跟随具有如下特点。

① 精准识别。大疆御Mavic 2引入了前视视觉系统的感知信息，可实时构建周围环境以及跟随目标的3D地图，大幅提升识别精确度与跟随效果。

② 轨迹预测。在跟随过程中，目标被树木等障碍物暂时遮挡时，能够通过轨迹

图 3-26　选择智能跟随的目标及模式

预测算法预测目标位置，持续跟踪不丢失。

③ 高速跟随。在开阔无遮挡的环境中，大疆御Mavic 2可进行快至72km/h的高速追随，可以用于追车、追船等场景的拍摄。

④ 智能绕行。智能跟随2.0融合了主动绕行策略，跟随拍摄主体时能绕开前、后障碍物，实现稳定跟随。

三、兴趣点环绕

兴趣点环绕模式也被形象地称为"刷锅"，是指无人机围绕用户设定的兴趣点进行360°的旋转飞行拍摄。使用"兴趣点环绕"飞行模式进行拍摄时，框选的兴趣点对象要具有一定的纹理特点，要容易识别。如果框选的目标是天空，或者是一片绿草地，无人机将无法测算。操作方法如下。

图3-27 智能模式选择界面

① 在DJI GO 4 App飞行界面中，点击"智能模式"按钮，在弹出的界面中点击"兴趣点环绕"按钮，如图3-27所示。

② 进入"兴趣点环绕"模式，如图3-28所示。

③ 在飞行界面中，用手指框选出一个方框，设定为兴趣点对象，点击"GO"按钮，如图3-29所示。

图3-28 "兴趣点环绕"模式

图3-29 兴趣点环绕对象设置

④ 此时，无人机开始对目标位置进行测算，请勿操作飞行器，如图3-30所示。

⑤ 如果测算成功，无人机便开始环绕兴趣点飞行，如图3-31所示。飞行过程中用户

图3-30 兴趣点环绕目标位置测算

图3-31 兴趣点环绕飞行

应该控制云台调整相机来进行构图，还可以调节环绕飞行半径、高度和速度等参数。

四、航点飞行与指点飞行

1.航点飞行

航点飞行在记录航点后，飞行器可自行飞往所有航点以完成预设的飞行轨迹和飞行动作。飞行过程中可通过摇杆控制飞行器的朝向和速度。御Mavic 2 Pro/Zoom在飞行器打点的基础上，新增地图打点和编辑航点功能，可以不起飞就在地图上规划航线。

① 通过地图的航点飞行。可以直接在地图上添加航点和兴趣点，并且将它们进行关联。关联后飞行器在飞行过程中会自动控制机身和云台转动，保证在经过航点时朝向预设的兴趣点。

② 单击航点或兴趣点可以设置高度、速度、云台航点动作（拍照、录像）等相关参数。

③ 拖动航点或兴趣点可以调整其位置。

④ 可以设置航线参数，如巡航速度、完成后的动作、失控动作等。

⑤ 在地图编辑过程中，用户可手动保存相关操作至任务库，并且可以随时在任务库里恢复曾经飞过的航线。

2.指点飞行

图3-32　指点飞行

指点飞行分为正向、反向、自由朝向三种模式，如图3-32所示。用户可通过点击DJI GO 4 App中的相机界面的实景图，指定飞行器向所选目标区域飞行，飞行器将按照用户选定的子模式自动飞行。若光照条件良好，飞行器在指点飞行的过程中可以躲避前、后方障碍物或悬停以进一步提升飞行安全性。

正向：飞行器向所选目标方向前进飞行。前视视觉系统正常工作。

反向：飞行器向所选目标方向倒退飞行。后视视觉系统正常工作。

自由朝向：飞行器向所选目标前进飞行。用户可使用摇杆自由控制飞行器航向，此模式下无视觉避障功能，应确保在空旷无遮挡的环境下使用。

操作步骤如下。

① 确保飞行器电量充足并处于P模式。启动飞行器，使飞行器起飞离开地面升至安全高度。

② 进入DJI GO 4 App的相机界面，点击按钮，选择"指点飞行"并阅读注意事项，选择子模式。

③ 轻触屏幕中地面上空区域的目标，若目标可以到达，App将出现"GO"按钮。点击"GO"按钮，飞行器将按照用户选定的子模式自动飞行，在这个过程中可以调节云台的俯仰。若目标不可到达，App将出现提示，请根据提示调整后重新指定目标。

五、影像模式与一键短片

1.影像模式🎞

使用"影像模式"航拍视频时，无人机以缓慢的方式飞行，影像模式下延长了飞行器的制动距离，也限制了无人机的飞行速度。制动时，飞行器缓慢减速直至停止，以减少急停带来的抖动，同时限制了航向旋转角速度，使用户拍摄出来的整个画面始终保持稳定、平滑、流畅、不抖动。操作方法如下。

图3-33　智能模式选择界面

① 在DJI GO 4 App飞行界面中，点击"智能模式"按钮，在弹出的界面中点击"影像模式"按钮，如图3-33所示。

② 弹出提示信息框，使用户了解影像模式的飞行特点。点击"确认"按钮，如图3-34所示。

③ 进入影像模式，无人机将进行缓慢的飞行，用户可以通过左右摇杆来控制无人机的飞行方向与高度。

④ 如果用户想要退出影像模式，可以点击左侧的"✕"按钮，弹出提示信息框，提示用户是否退出该模式，点击"确定"按钮，将退出影像模式。如图3-35所示。

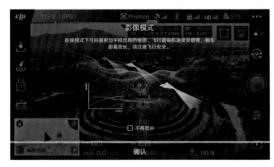

图3-34　影像模式

图3-35　影像模式

2.一键短片📷

一键短片提供渐远、环绕、螺旋、冲天、彗星、小行星、滑动变焦（仅限御Mavic 2 Zoom）等不同拍摄方式（图3-36），飞行器可自动按照所选拍摄方式飞行并持续拍摄特定时长，最后自动生成一个10s以内的短视频，支持在回放中编辑与快速分享视频。

∠ 渐远：飞行器边后退边上升，镜头跟随目标拍摄，由近及远逐步展现出大环境。

图3-36　一键短片拍摄方式

⟲环绕：以拍摄目标为中心，以特定距离环绕飞行拍摄。

⟳螺旋：以拍摄目标为中心，螺旋上升拍摄。

⊥冲天：飞行器飞行到目标上方后垂直上升，镜头俯视目标拍摄。

⟳彗星：飞行器以初始地点为起点，以椭圆轨迹飞行绕到目标后面，并飞回起点拍摄。使用时确保飞行器周围有足够空间（四周有半径30m、上方有10m以上的空间）。

⊙小行星：采用轨迹与全景结合的方式，完成一个从全景到局部的漫游小视频。飞行器以拍摄目标为中心，远离的同时上升到一定高度拍摄，并以飞行最高点为初始位置拍摄全景照片，最后合成全景图为星球效果，生成视频的播放顺序与飞行轨迹相反。使用时应确保飞行器周围有足够的空间（后方有40m、上方有50m及以上空间）。

▣滑动变焦（仅御Mavic 2 Zoom）：飞行器以直线轨迹倒飞，倒飞过程中通过变焦的方式使拍摄主体在画面中保持大小不变，而背景画面具有急剧变化的效果。使用时需要保证后方空间至少是飞行器与拍摄主体距离的3倍。

以渐远为例，操作方法如下。

① 在DJI GO 4 App飞行界面中，点击"智能模式"按钮，在弹出的界面中点击"一键短片"按钮，如图3-37所示。

② 进入"一键短片"飞行模式，在下方点击"渐远"按钮，如图3-38所示。

图3-37　一键短片选择界面

图3-38　渐远选择界面

③ 弹出信息提示框，提示用户"渐远"拍摄模式的飞行效果，点击"好的"按钮，如图3-39所示。

④ 此时界面中提示"点击或框选目标"信息，在飞行界面中用手指绘出一个方框，标记为目标点。如图3-40所示。

图3-39　渐远确定界面

图3-40　渐远目标选定界面

⑤ 选框绘制完成后，点击"GO"按钮，即可开始倒计时录制一键短片，如图3-41所示。

⑥ 图3-42所示为录制一键短片过程中无人机的飞行拍摄效果。拍摄完成后，无人机将飞回拍摄起始位置，点击回放按钮，可以查看录制的一键短片视频效果。

图3-41　一键短片录制开始　　　　　　图3-42　一键短片录制完成

单元四

视频摄像参数设置

1.视频尺寸的设置

随着5G时代的到来，我们可以根据自己的计算机配置和储存卡的大小，尽量设置大一点的视频尺寸以备后面选用。在设置界面中（图3-43），一共可以选择5个视频尺寸，分别是4096×2160（大疆m600根据挂载设备选择）、3840×2160 4K HQ、3840×2160 4K Full FOV、2688×1512 2.7K、1920×1080 1080p，基本上能满足用户练习和平时需求，特殊情况下可以拍摄6K、8K视频。

在设置界面中，选择相机设置就能看到如图3-44所示界面。

图3-43　进入视频尺寸设置界面　　　　　图3-44　第1个视频尺寸

第1个视频尺寸是3840×2160 4K HQ，共有24fps、25fps、30fps 3个fps可供选择。

第2个视频尺寸是3840×2160 4K Full FOV（图3-45），共有24fps、25fps、30fps 3个

fps可供选择，图3-44、图3-45是由同一个固定机位拍摄的，一个画面大一点、一个画面小一点，其原因在于CCD的像素点是固定，只能收录这么多信息。

第3个视频尺寸是2688×1612 2.7K，共有24fps、25fps、30fps、48fps、50fps、60fps 6个fps可供选择，如图3-46所示。

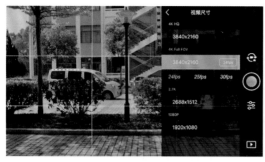 

图3-45　第2个视频尺寸　　　　　　　　　图3-46　第3个视频尺寸

第4个视频尺寸是1920×1080 1080p，共有24fps、25fps、30fps、48fps、50fps、60fps、120fps 7个fps可供选择，如图3-47所示。

2.视频格式的设置

MP4格式采用一般的播放器都能播放，MOV格式就不那么方便了（但后期制作比较好），如图3-48所示。

图3-47　第4个视频尺寸　　　　　　　　　图3-48　视频格式

一般情况下自定义色彩白平衡就够了，但在特殊情况下，例如，拍摄夜景的时候用白炽灯，那么天空就会变成蓝颜色的，所以建立自定义色彩白平衡就必须有一个白平衡卡（没有也可以用白色的A4纸代替），如图3-49所示。

一般情况下，风格采用标准设置就足够了。在有特殊要求的时候，可以调一下它的参数，如对比度、锐度、饱和度，如图3-50所示。

一般情况下，色彩使用"普通"模式就可以了（图3-51）。普通显示器和我们的剪辑软件都不支持H.265，最新版本的剪辑软件才支持H.265（HEVC）编码的视频文件。Dlog-M和HLG拍摄的H.265文件，在色彩空间覆盖设计中选择2020或者709指定正确的色彩空间才能导入后期编辑。

图3-49 白平衡

图3-50 风格

全新的色彩模式（Dlog-M 10bit）相比之前的8bit，后期空间进一步增强。HLG全称是Hybrid Log Gamma，它是由英国广播公司（BBC）和日本放送协会（NHK）联合开发的高动态范围HDR的一个标准。这两种色彩模式需要将视频编码格式调成H.265。

大疆御Mavic 2 Pro专业版航拍无人机4K高清可以100Mbps码率拍摄3840×2160分辨率的10bit 4K Dlog-M和10bit 4K HDR视频。

H.265支持Dlog-M、HLG，普通的使用H.264就可以了，如图3-52所示。

图3-51 色彩

图3-52 编码格式

在存储卡允许的情况下，照片格式尽量选择"JPEG+RAW"，JPEG格式的可作为预览，RAW适宜用于后期制作，如图3-53所示。

抗闪烁选择AUTO（自动）模式即可，如图3-54所示。

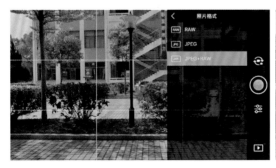

图3-53 照片格式

图3-54 抗闪烁

采用同一个固定机位，视频尺寸设置为1920×1080，由于一个是24fps，另一个是120fps，拍摄的两张照片的构图并不相同，如图3-55、图3-56所示。

图3-55　24fps　　　　　　　　　　　　　　　　　图3-56　120fps

模块四
航拍构图

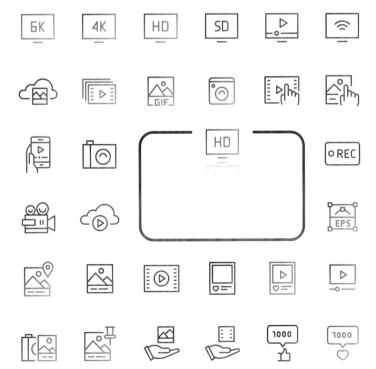

一张好的无人机摄影作品要求摄影师除深厚的生活、文化修养之外，还要有敏锐的观察力及判断力；要熟练掌握无人机的摄影操作技术，所拍摄的图片要有鲜明的主题与完整的构图形式美。因此，拍摄点（距离、高度、方向、角度）的选择起到了比较关键的作用。使用无人机航拍的时候，因其得天独厚的高度优势，带来的视觉冲击让人着迷。无人机带来的这种翱翔天空的虚拟体验是一般相机所没有办法达到的。但并不是越高越好，而是要根据拍摄内容来选择合适的拍摄高度、角度等。

单元一

摄影构图基础

图4-1　12：6比例

图4-2　16：9比例

图4-3　3：2比例

在中国传统绘画中，构图又称"布局""结构"或"位置经营"，就是将我们所要表现的客观对象，根据主题思想的要求，以现实生活为基础但是比现实生活更富有表现力的形式，有机地组织安排在画面里，使主题思想得到充分的表达。在构图处理中，将被拍摄对象用不同的拍摄角度、光线及种种表现手段，把有益于主题表现的部分突显出来，无助于主题表现的或有损于主题表现的部分隐没掉，使对象的特征表现更鲜明，并以具有审美价值的形式将被拍摄对象呈现在画面中。运用相机镜头，在取景器内遵循审美原则构图，使拍摄对象比现实生活更具艺术视觉冲击力。无人机视频拍摄取景框横纵基本确定为16：9或者3：2，也可以在后期遮挡的情况下采用12：6（没有手机竖构图），如图4-1～图4-3所示。

1.平拍、仰拍和俯拍

无人机航拍与其他拍摄一样，需要从现实世界中选取需要的画面。现实世界的景物是杂乱无章的，我们要选择拍什么、不拍什么，选取景物构图画面……同时，还要组织画面远、中、近景之间的关系。这就需要对拍摄位置、拍摄角度、拍摄高度进行构图观察和判断。

无人机航拍时要提前做好功课，在无人机起飞前应根据周边环境和光线确定起飞位置，尽量不要在起飞后围绕景物转圈来寻找拍摄位置（因为无人机电池的电量小，所以在空中停留时间比较短），可在不同位置、角度、高度、距离上，通过显示屏观看画面，选择令人满意的场景进行构图拍摄。

无人机航拍构图和摄影构图没有区别，从高度上分为平拍、仰拍、俯拍，我们看到的航拍画面更多的是俯拍的效果（图4-4），航拍本身就是以高度的优势让人感受到一览众山小的气势。但是，并不是说无人机

图4-4　俯拍洛阳桥

航拍只能用俯拍，其还可以拍摄出很多在户外拍摄过程中难以拍摄到的平拍与仰拍的效果。

平拍是指拍摄点与被拍摄对象处于同一水平线上，以平视的角度来拍摄。平拍所拍摄的画面效果，接近于人眼观察事物的视角，不容易产生畸变，不容易使被摄对象变形。因此，平拍的构图方法在摄影实践中应用最广泛、最为实用，对于拍摄纪实、新闻、人像等题材是比较适用的。当然，平拍也有它的不足之处，就是当景物处于同一水平线上时，前景会遮挡后景，相对地压缩在一起，缺乏空间透视效果，不利于表现层次感，如图4-5所示。

在航拍的时候，需要根据拍摄对象，合理地调节无人机的高度，例如，拍摄黄土高坡，就需要降低高度，如图4-6所示。光线有变化，土的质感才能突显出来。

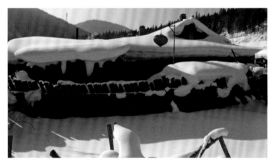

图4-5　平拍时后面房子全部被前景遮挡

图4-6　俯拍黄土高坡

逆光拍摄向日葵，花瓣才能出现半透明带光感橙色，垂直俯拍时黄色花瓣就不明显，只能看到大面积绿色，如图4-7所示。

起幅

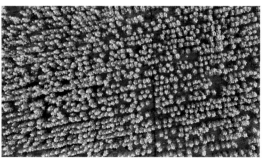

落幅

图4-7　俯拍向日葵

1.俯拍向日葵　　　　　　2.仰拍独库公路　　　　　　3.仰拍新疆无人区

　　仰拍是指拍摄的视角在物体下方，从下往上拍摄，展现被摄物体的高大的形象。平拍所拍摄的画面效果，由于近大远小的关系，离镜头近的位置会显得比较大，离镜头远的位置显得比较小，使被拍摄对象产生一定的畸变。因此，仰拍的构图方法一般会在一些为了展示被拍摄对象高大形象的时候使用。

　　在新疆独库公路上经常能看到壮美大山，但却没办法找到适宜的拍摄角度，只有升起无人机贴近山边选择拍摄角度，才能拍摄出大山的雄伟壮观，如图4-8所示。

　　图4-9所示为仰拍新疆无人区，在这里看到了蓝天白云，无人机广角镜头最适合延时拍摄云的变化。

图4-8　仰拍独库公路　　　　　　　　　图4-9　仰拍新疆无人区

　　拍摄纪念照时，一定要注意人物朝向，人物前方多留空间，人物应在三分法线上，如图4-10所示。

图4-10　三分法

　　无人机航拍所具有的特殊的优势是拍摄的视角位于物体的上方，从上往下拍摄。当无人机升空，也就意味着它可以看到单靠人眼所没有办法看到的场景。从空中拍摄地貌，可以获得俯视图。航拍作为一种特殊视角，有很多不一样的视觉享受（如无人机可设置全景图拍摄）。

　　无人机航拍高度是由飞手（操控员）控制的，在不同的环境下，无人机航拍可以适应不同的拍摄要求。

2.主体与陪体

取景画面中的影物在构图中有着不同的地位和作用，一般可以分成主体（主要的）、陪体和背景（次要的）。

所谓主体，就是取景画面中的主要拍摄对象。它可以是一个人物或某一个物体，也可以是一群人或一组对象。例如故宫角楼（图4-11）、冬天雪林区木刻楞房子（图4-12）。

作为主体，必须同时具备两个条件：①它是画面表现内容的主要体现者；②它是画面结构的中心。主体是画面布局的依据，具有集中视线的作用，可以让观赏者一眼就看到它。

如图4-11所示，树是画面的前景，故宫角楼是中景，也是画面中心主体，角楼后面和天空是背景。

图4-11 故宫角楼

如图4-12所示，近景是篱笆，中景是冬天雪林区木刻楞房子（主体），远景是松树。

图4-12 冬天雪林区木刻楞房子

陪体是指与主体有密切联系的对象，是画面中陪衬主体的人物和景物，帮助主体说明内容，在构图中有均衡画面、美化画面和渲染气氛的作用。

在构图中，人与人之间、人与物之间，都存在着主次的关系。在画面中作陪体的对象，是处在与主体比相对次要位置上，与主体相呼应，但又不分散观赏者的注意力。

图4-13 西藏阿里古格故城

当然，在画面取景过程中，除考虑主体与陪体外，还要考虑周围的环境（即背景）。环境是指主体周围的景色，也是画面重要的组成因素。

环境在画面构图中是主体存在的空间，烘托主体，具有表情达意的作用，因此在航拍构图时，要考虑主体与周围环境的关系。

例如，前面土建筑遗址是前景陪体，增加了画面的层次，白色和红色房子是中景，主体建筑群后面的天空乌云，更显得古格故城气势宏大，如图4-13所示。

3.远景、全景、中景和特写

无人机航拍时，除观察主体、陪体及环境外，还需要对相机镜头与被拍摄主体的距离做调整，随着距离的不同，它所呈现在相机屏幕的范围大小也不同，一般分为远景、全景、中景、特写四种。

远景一般用于拍摄大环境，表现主体所处环境全貌，展示主体及周围广阔的空间环境、自然景色和各式活动等大场面。远景的画面效果是被拍摄主体面积相对较小、视野宽阔、空间大，主体细节展示则相对不清晰。

如图4-14所示，采用远景拍摄，将靖海侯府的地理位置、环境及施琅从小生活的海边的画面都描述得很到位。

图4-14 施琅故居（靖海侯府）远景图

全景用来表现航拍时被拍摄主体的全貌。全景跟远景画面一般用于视频的开端、结尾部分。全景画面比远景画面更能全面阐释主体与环境之间的关系。相对于远景画面而言，全景画面更能够展示出被拍摄主体的相貌、轮廓等线条特征。它既不像远景画面那样没有办法观察细节，又不像中近景画面那样能展示主体全部的形态特征。

图4-15所示全景图包括1个人全身以及大面积做了虚化的自然环境可以突出人物，根据画面需要用光圈控制景深，侧重强调人物和周边环境之间的关系，从而为全景图叙事增添情感和戏剧性效果。在录视频时，全景图包含了许多视觉元素和细节，所以在屏幕上停留的时间要长一些。

图4-16所示施琅故居（靖海侯府）全景图很好地展示了施琅故居的整体布局，以及闽南建筑的规模、风格、特点。

图4-15　全景图

图4-16　施琅故居（靖海侯府）全景图

中景是表现主体3/4场景的局部画面。从人物来讲，中景是表现成年人膝盖以上部分的画面。中景和全景相比，包容景物的范围有所缩小，环境处于次要地位，重点突出主体对象的大部分特征。中景被广泛应用于很多拍摄场景中，为了突出某一种特征，构图可根据内容灵活调整。因此，中景多采用双人镜头、多人镜头及过肩镜头。全景与中景、特写镜头组合起来使用，会逐渐提升观众的投入程度，呈现循序渐进的态势。中景镜头在叙事故事片及微视频中用得比较多。中景无人机拍摄人物一定要注意安全，尽量控制在视线内，如图4-17、图4-18所示。

图4-17　中景图（1）

图4-18　中景图（2）

如图4-19林路故居、图4-20景胜别墅所示，利用中景集中展示建筑物主体部分特征，使观赏者看一眼就能记住它的特征。闽南传统建筑与东南亚番仔楼建筑特征的区别一目了然，让观赏者记忆深刻。

图4-19　林路故居

图4-20　景胜别墅

特写是指为了表现被拍摄对象主体某一局部特征所选择的画面，通过特写可以近距离地表现被拍摄对象主体最显著、最有意义的局部。它最主要的功能就是让观众看清被拍摄对象的细节，为了让主题突显出来，可以设置更大的光孔拍摄出浅景深的画面，这种画面具有主体鲜明、背景模糊的特点。特写镜头下被拍摄对象占据整个画面，航拍相机镜头与被拍摄对象之间的距离比中景更加接近。此时基本看不到环境，所以特写镜头对于局部特征有很高的要求，需要具有强烈的视觉冲击，在航拍时慎用。由于在特写时，

图4-21　特写雕像头像

无人机的广角镜头必须距离被拍摄对象较近，环境和风成为不安全、不可控因素，所以很容易炸机。如果被拍摄对象比较低，可以把桨叶去掉，手持无人机拍摄。如果被拍摄对象比较高，在风速允许的情况下，飞手一定要站在被拍摄对象下方，无人机从外侧慢慢接近拍摄（悬崖峭壁、两楼之间等特殊环境尽量不要飞，特别是下方有人时，坚决不能飞，安全第一）。如图4-21所示。

4.推、拉、摇、移、跟镜头

在使用无人机航拍录制视频的时候，除掌握以上的构图要点之外，还需要用无人机的镜头来拍摄一些运动的影像，也就是说利用无人机在推、拉、摇、移、跟等形式的运动中进行拍摄，这些运镜方法能够突破画框边缘的局限，扩展画面视野。运动镜头符合人们观察事物的习惯，变固定场景为活动画面，增强了画面的活力。运动镜头的拍摄一般需要事先在脑海中预演一遍所要拍摄的画面，考虑清楚录制视频所需要的分镜头以及分镜头脚本。根据镜头运动方式、拍摄角度和内容的不同，可以把运动镜头分为下面几种。

推镜头：是指无人机镜头对准被拍摄主体，镜头向前由远到近直线移动或者调整镜头焦距使得画面由大景别变成小景别的拍摄方法。不同节奏给人感受不同，慢节奏给人一种舒缓、从容的心理感受；快节奏给人紧张、急切的心理感受。推镜头可以连续展现被拍摄主体的变化过程，航拍时，有助于对被拍摄主体作全面的了解。如图4-22所示，无人机的镜头由全景向前移动切换到特写，让观赏者对别墅的外貌有了全面的了解。

拉镜头：与推镜头相反，无人机镜头对准被拍摄主体，由近到远向后直线移动或者缩小焦距使得画面由小景别变成大景别的拍摄方法，给人一种宽广辽阔的感觉，如图4-23所示。

摇镜头：是指无人机拍摄时以镜头为轴心从左向右或从右向左弧线形环绕移动来拍摄全景的拍摄方法，常常用于介绍主体周围的环境、展示规模等，如图4-24所示。

4.推镜头

5.移镜头

起幅   落幅

图4-22　推镜头

起幅   落幅

图4-23　拉镜头

起幅   落幅

图4-24　摇镜头

移镜头：是指无人机拍摄时镜头方向与无人机移动方向成直角，而且无人机移动速度相对固定、景别不变的拍摄手法。如果被拍摄主体属于运动状态，使用移动拍摄可在画面上产生跟随的视觉效果，如图4-25所示。

起幅   落幅

图4-25　移镜头

跟镜头：是指跟随被拍摄主体的运动轨迹拍摄，也就是无人机镜头跟随被拍摄主体的移动而移动的拍摄方法，能够更好地表现被拍摄主体的动态，如图4-26所示。

起幅 落幅

图4-26 跟镜头

5.点、线、面构图

点是最基本和最重要的元素。点是相对的概念，它可以是人、物，也可以是某个对象，如图4-27～图4-30所示。

图4-27 镜泊湖瀑布冬季雪堆近大远小的点

图4-28 点的构图

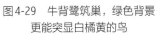

图4-29 牛背鹭筑巢，绿色背景
更能突显白橘黄的鸟

图4-30 小白鹭

两个以上点就可以形成一条线，线是点的轨迹，线是无人机航拍画面构图中又一个重要因素。它在画面构图和造型等方面都表现出极为重要的作用，它既可以是直线也可以是曲线，如图4-31～图4-35所示。不同的线条具有不同的情感色彩，例如，直线具有坚强、有力、稳定、舒展的感觉，曲线具有流动、顺畅、优雅、柔和的感觉。

图4-31　向日葵中心点发射

图4-32　向日葵发射对角线

图4-33　白桦树投影线

图4-34　白桦树干

　　面是由点和线的结构组成的。面是形状，例如，圆形、矩形、三角形、多边形等。面有长度和宽度，是二维空间，有大小之分，如图4-36～图4-38所示。

　　点、线、面是构图的造型元素。

图4-35　茶园曲线

图4-36　线和面的组合

图4-37　雪乡面的构图

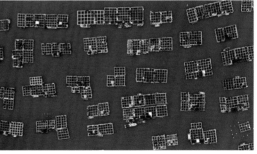

图4-38　养鱼排由线排列组合的面

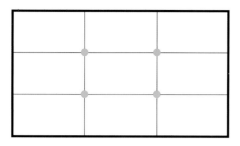

图4-39　九宫格

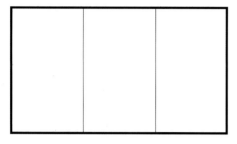

图4-40　三分法

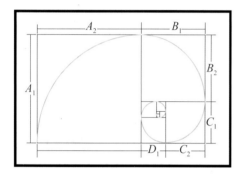

图4-41　黄金分割

6.九宫格、三分法、黄金分割构图

拍摄一张好照片或者一段好的视频需要有明确的主体,无人机航拍也不例外。对于初学者来说,如何安排被拍摄主体的位置呢?用什么样的方式去突出它呢?主体在画面中可放置在任何位置上。但是,结合人们的视觉习惯、摄影和无人机的特点,在不同位置上,产生的视觉效果截然不同。我们觉得画面上易于眼睛观看的位置,最醒目、令眼睛最舒适的地方,就是视觉的中心、视线的聚焦点。那么在取景框中,这样的位置有三处:九宫格(1:2)、三分法(1:3)和黄金分割,如图4-39~图4-41所示。

九宫格构图,就是将整个画面纵横均分为9等份,得出4个交叉点,这4个交叉点就是九宫格构图中放置主体的位置,这些位置就是画面最舒适的位置,如图4-42所示。当然,具体将主体置于哪个点上,则取决于主体本身和用户想如何表现它。航拍时,一般认为右上方的交叉点最为理想,其次为右下方的交叉点。但也不是一成不变的。这种构图格式较为符合人们的视觉习惯,使主体自然成为视觉中心,具有突出主体、均衡画面的效果,航拍中大多素材都适用,一般适合中近景拍摄。如图4-43所示,将土楼安排在交叉点的位置,画面稳定、舒适。

图4-42　九宫格构图分析

图4-43　土楼九宫格

三分法构图,是除中心构图外,另外一种稳定的构图。三分法构图是将画面纵/横均分成3等份,主体放置在线的位置上,画面稳定,构图均衡,如图4-44所示。

6.三分法油菜花海

图4-44　三分法油菜花海

　　黄金分割点是数学中的概念，即将一条线段a分成大小不同的b、c两条线段，大线段b与小线段c相比等于线段a与大线段b之比。这种算法开始是用于绘画的，后来被用于摄影。也就是说，将被拍摄主体放置于画面中的黄金分割点位置，主体较容易被看出，而且整体显得比较舒服、美观，如图4-45、图4-46所示。

图4-45　琼库石台村路上黄金分割（1）

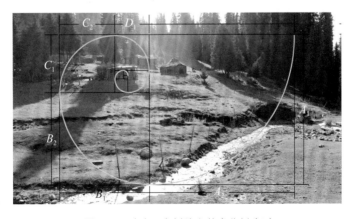

图4-46　琼库石台村路上黄金分割（2）

① 航拍城市夜景。航拍城市夜景需要注意以下几点：a.因为夜晚的时候很难发现电线或其他一些高空建筑物，所以，在拍摄前，最好先在白天观察周围的环境。b.尽量不要把感光度设得特别高，太高则会出现噪点太多的现象。c.太阳落山之后，灯光亮起，天空还有蓝色，这时候拍摄是最好的，等天彻底黑下来再拍，则天空是黑色且不透明的效果（这时候最好把模式改成白炽灯模式，这样拍摄出来的天空也是蓝色的），如图4-47、图4-48所示。

起幅   落幅

图4-47　航拍城市夜景

起幅   落幅

图4-48　航拍城市移动

② 轨迹拍摄日出日落。拍摄日出日落最容易出作品，拍摄时可以利用水、云彩和日出日落太阳的运动轨迹，如果云彩漂亮，天空构图就多一些，如果水面好看，就往水中多构图。可以采用横移或者固定机位延时拍摄，因为日出的整个过程不到10min，所以设置的延时间隔时间不要太长。最好在太阳周边测光，这样太阳就会更加地突出。可以根据自己的需要设置相机的灰度（18度灰）、感光度、快门速度和光圈。注意关掉控制面板右上角的锁状图标，这是因为日出日落时云彩变化非常快，一会儿有光、一会儿没光，锁住后相机不会根据天气变化自动调整设置。

图 4-49 所示为利用太阳轨迹逐格拍摄日出, 尽量用M挡拍摄 (按最亮位置测光, 根据实际情况降3～4挡曝光值, 这样拍摄完不至于过曝, 太阳周边不会没有任何信息)。

起幅　　　　　　　　　　　　　　　　落幅

图 4-49　轨迹拍摄日出

图 4-50 所示为利用太阳轨迹逐格拍摄日落 (在太阳周边测光, 用M挡设置曝光值, 天空会逐渐变暗)。

起幅　　　　　　　　　　　　　　　　落幅

图 4-50　轨迹拍摄日落

③ 城市风光的拍摄。平拍时一定要把主体的景物放在画面的中景位置, 前景要离镜头比较近, 这样拍摄出来的相片才具有强动感景深效果。俯拍则一定要把景物放在黄金分割线上, 并注意点、线、面的位置, 学会取舍, 如图 4-51 所示。

起幅　　　　　　　　　　　　　　　　落幅

图 4-51　城市风光的拍摄

④ 视频单、多轴镜头运动（横移、侧身、后退……）及摄像多轴镜头运动拍摄。

图4-52所示向前向上平拍方式，适用于拍摄高山、高大建筑、纪念碑等，可展示景物高大雄伟的全貌。

起幅　　　　　　　　　　　　　　　　　　落幅

图4-52　向前向上平拍

⑤ 拍摄如图4-53所示穿云效果的相片时（如果多机同时飞行，注意勤问其他无人机的高度和距离，在能见度低的情况下避免撞机），由于无人机都有限飞高度，最好在离云近的地方起飞无人机，无人机逆向拍摄云移动的轨迹，这样才能出现穿云效果。

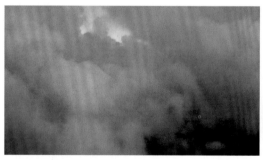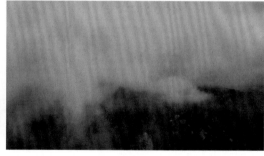

起幅　　　　　　　　　　　　　　　　　　落幅

图4-53　穿云拍摄

⑥ 图4-54所示的画面采用无人机拉高＋旋转上升或者旋转下降的飞法，从局部拉升到大场景拍摄而成，无人机旋转上升或者旋转下降飞行可增加镜头动感。

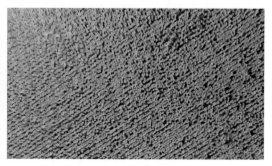

起幅　　　　　　　　　　　　　　　　　　落幅

图4-54　拉高＋旋转

⑦ 在拍摄无人机向前穿越场景时（图4-55），无人机要在视线之内，飞手要跟随无人机拍摄（尽量避免没必要的穿越危险！特别是拍摄下方有人群的地方）。

起幅   落幅

图4-55 向前穿越

⑧ 图4-56所示为采用向后向前同时向下摇镜头拍摄到的画面，无人机前后移动时，要贴近被拍摄物体，这样拍摄的画面运动感强。

 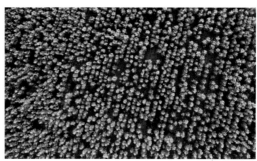

起幅   落幅

图4-56 向后向前同时向下摇镜头

⑨ 图4-57展示了向前推进拍摄的画面，从中景推到近景，起幅和落幅都要为后期留有余量。

起幅   落幅

图4-57 向前推进拍摄

⑩ 图4-58采用了前进转弯拍摄的方式，注意一边用右摇杆向前推进，一边用左摇杆控制方向。

起幅　　　　　　　　　　　　　落幅

图4-58　前进转弯拍摄

⑪ 图4-59显示了定位旋转的拍摄效果，根据构图的需要，调整好无人机飞行高度与位置后，只用右摇杆控制镜头原地旋转进行拍摄即可。

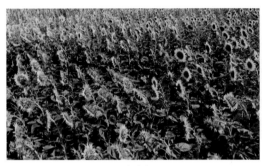

起幅　　　　　　　　　　　　　落幅

图4-59　定位旋转

⑫ 图4-60所示为采用向右前方横移拍摄到的场景，无人机定位后，用右摇杆控制无人机平移进行拍摄。

起幅　　　　　　　　　　　　　落幅

图4-60　向右前方横移

7.航拍城市夜景　　　　8.轨迹拍摄日落　　　　9.穿云拍摄　　　　10.拉高＋旋转

模块五

航拍用光

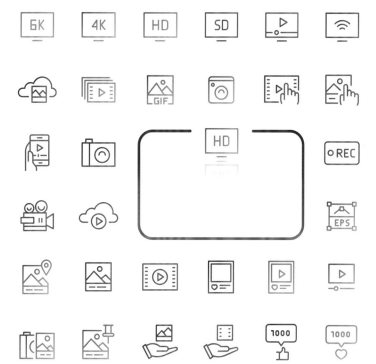

摄影是光的艺术，要想拍出好的影视作品，我们需要了解光线的特点，这样才能运用不同光线的性质、方向，并掌握好不同光线出现的时机。由于照明方向、色彩、光质以及反差效果的改变，一些景物随不同的天气条件或一天当中时间的改变而改变。光线与拍摄角度之间的关系，可以分为"顺光""逆光""侧光"和"侧逆光"等。出色的航拍素材往往是因为航拍摄影师"精心"考虑了拍摄的时机、角度，合理选择了光线而成就的。

单元一 —————————
顺光与逆光

一、顺光

正面投向被摄体的光为顺光，其投射方向和拍摄方向相同。在顺光环境下，被拍摄物体受光均匀，大部分光照充足，其阴影被景物自身遮挡，不会产生明显的明暗对比，而且难以甚至不能分出图像元素的轻重，画面色彩鲜艳、明亮，细节得到充分展现，主体清晰，曝光很容易控制。顺光常用于主体和背景均清晰的场合，但视觉元素的重点不够突出，画面的立体感也会有所欠缺（图5-1）。如图5-2所示，冬天树木银装素裹，在背景蓝色天空的衬托下，整体色调蓝灰，非常美。

图5-1　顺光　　　　　　　　　　　　　　　　图5-2　顺光树挂

二、逆光

逆光是一种具有艺术魅力和较强表现力的光照，它能使画面产生完全不同于我们肉眼在现场所见到的实际光线的艺术效果。

① 能够增强被拍摄物体的质感。拍摄透明或半透明的物体，如花卉、植物枝叶等，逆光为最佳光线。如图5-3所示，逆光拍摄的郁金香呈半透明的质感。另外，逆光使同一画面中的透光物体与不透光物体之间亮度差明显拉大，明暗相对，大大增强了画面的艺

术效果。如图5-4所示的冰，逆光拍摄，将冰的透明度都拍摄出来了。

图5-3　逆光拍摄的郁金香呈半透明质感

　　② 能够增强氛围的渲染性。特别是在风光摄影作品中，早晨和傍晚采用低角度、大逆光的光影造型方法，逆射的光线会勾画出红霞如染，云海蒸腾，山峦、村落、林木如墨的景象，如果再加上薄雾、轻舟、飞鸟，相互衬托，在视觉上就会使人产生共鸣，使作品的内涵更深，意境更高，韵味更浓。

　　③ 能够增强视觉冲击力。在逆光拍摄中，由于暗部比例增大，相当部分细节被阴影所掩盖，被拍摄物体以简洁的线条或很少的受光面积突现在画面之中，这种大光比、高反差给人以强烈的视觉冲击，从而产生较强的艺术造型效果。

　　④ 能够增强画面的纵深感。特别是早晨或傍晚在逆光下拍摄，由于空气中介质状况的不同，使色彩构成发生了远近不同的变化，前景暗，背景亮，前景色彩饱和度高，背景低，从而造成整个画面由远及近，色彩由淡而浓、由亮而暗，形成了微妙的空间纵深感，如图5-5所示。

图5-4　逆光拍摄冰的透明质感

图5-5　逆光雪乡

　　拍摄质感比较强的物体时，逆光拍摄才能拍摄出物体的颗粒质感。

单元二

侧光与侧逆光

一、侧光

侧面投向被拍摄物体的光为侧光。被拍摄物体面向光源的一面会非常突出，背向光源的一面则会被削弱。光线投射方向和拍摄方向成一定夹角，常见的有45°前侧光和90°侧光。在45°夹角的前侧光环境下，被拍摄物体有明显的明暗差别，立体感强，由明到暗的很多细节都能体现出来，画面自然和谐，影调丰富，可突出被拍摄物体的纹理细节，如峭壁、山崖或沙滩这类主题，是较常用的一种光线环境。在90°夹角的前侧光环境下，被拍摄物体有极强的明暗反差，立体感很强，物体的结构被强调出来，画面有较强的视觉冲击力，线条刚硬，适合于表现棱角分明的景物，有时也可用于表现花卉的通透感。使用侧光进行航拍时，要注意硬光的使用。消费级无人机相机的宽容度低，如果使用硬光要注意适度，否则被拍摄物体处于暗部的细节将得不到任何体现。

二、侧逆光

来自相机的斜前方（左前方或者右前方），与镜头光轴构成120°～150°夹角的照明光线叫作侧逆光。侧逆光普遍都是作为立体光来使用的，具有很强空间感，画面调子丰富，生动活泼，如图5-6所示。

图5-7所示为采用三面五调、立体感非常强的侧逆光方法拍摄的白桦树树干，投影也是画面重要的组成部分。

图5-6　雪乡侧逆光，立体感非常强　　　　图5-7　侧逆光拍摄白桦树树干

单元三

色温与色彩

一、色温

在摄影中，我们通过一个可以测量的单位——色温（K，开尔文温度）来表示光源的颜色。当色温较低时，光源发出红黄波长更多的光线，而缺少蓝色波长的光线。例如，蜡烛光和日落时色温为2000K，正午的直射日光色温为5400K，只有蓝色的天空光照射到的阴影中的色温为12000K。色温的高低与颜色的冷暖恰恰相反，低色温产生"暖"的红色，而高色温产生"冷"的蓝色，如表5-1所示。

表5-1 自然光源色温

朝阳及夕阳	2000K
日出后一小时阳光	3500K
早晨及午后阳光	4300K
平常白昼	5000 ～ 6000K
晴天中午太阳	5400K
阴天	6000K 以上
晴天的阴影下	6000 ～ 7000K
雪地	7000 ～ 8500K

二、色彩

色彩是光从物体反射到人的眼睛所引起的一种视觉心理感受。色彩本身并无冷暖的温度差别，是视觉色彩引起人们对冷暖感觉的心理联想。人类见到红、橙、黄、红紫等暖色后，容易联想到太阳、火焰、热血等物象，产生温暖、热烈、危险等感觉；人类见到蓝、绿、蓝紫等冷色后，容易联想到太空、冰雪、海洋等物象，产生寒冷、理智、平静等感觉。利用人类对冷、暖不同色调的感受，可以确定摄影作品的主色调，达到作者想要表达的创作效果。具体到不同的色彩，会给人不同的视觉体验，当某一种色彩为主基调时，可以营造特定的情感氛围。例如，红色代表热情、喜庆、危险与不安；黄色代表辉煌、高贵、希望与活力；蓝色代表宁静、理智与安详；绿色代表青春、活泼、清新与舒适；黑色代表神秘；白色代表纯洁等。

人的视觉感觉反差强烈的一对色彩叫作对比色。对比色可以使一个重要的景物从其他景物中突显出来，或是通过相同形态或物体的重复和它们之间不同颜色的对比，将事物联系起来。一对颜色越是不相同，特别是色彩强烈且光谱特性上完全分离并"互补"

的颜色，它们彼此之间的影响和对比就越大。对比色可以增强画面中的对比效果，突出表现不同被拍摄物体之间的差异，最终的效果可能会因此而备受注意。相对于对比色，那些颜色变化不太明显，看起来更加和谐自然的色彩叫作协调色（近似色）。用协调色拍摄的作品，颜色变化更加和谐。色调能改变航拍主题的表达。好的航拍作品要"远看触目惊心，近看拍案叫绝"，所以，首先要用色彩吸引观众的眼睛，然后才能让观众详细品味作品的精华和主题。

单元四
不同时段的光线效果

大多数航拍作品是在"现有光"的条件下完成的。现有光是指对航拍主体而言此时已经存在自然光或人工光照明，而不是那些完全可控的闪光灯或影视照明灯具。一天当中，地球围绕太阳移动着位置，阳光的颜色也在黎明和黄昏间发生着变化。另外，受到天气或其他诸如雾气和烟尘等大气条件的影响，光线条件也存在不同。了解不同时刻光线的特点，有助于我们选择符合创作意图的拍摄时刻。如果可能的话，拍摄者要提早做出计划，这样可以在光线恰当反映景物的特征并产生理想的气氛时，使自己处于有利的拍摄位置上。

一、日出之前和日出

该时间段天刚蒙蒙亮，没有阳光直射，光线柔和，景物会呈现冷色调，适合表现静谧、干净、清爽的主题。由于光线较暗，需要适当延长曝光时间，如图5-8、图5-9所示。

图5-8　日出之前

图5-9　日出

二、上午九点之前和下午三点之后

该时间段是侧光拍摄的好时机，也是航拍常用的时段。这时候光线明亮，比较容易获得准确的曝光值，景物有质感，影子也自然，拍摄出来的画面层次丰富，色彩艳丽。这个时段也适宜拍摄利用光影表现的作品。可以将影子安排在突出的地方，让影子成为被拍摄的一部分，利用深色的影子衬托较亮的拍摄环境，强烈的对比色效应会吸引观察者的视线，使作品产生强烈的视觉冲击力，如图5-10～图5-13所示。

图5-10　甘肃水上丹霞

起幅

落幅

图5-11　晚霞养鱼排

图5-12　晚霞洛阳桥

图5-13　建筑群

三、正午

　　无论是对于航拍还是普通的数码摄影来说，正午都是较少用到的拍摄时段，这个时段日照强烈，阳光从头顶直射，画面容易显得平淡，如图5-14、图5-15所示。

图5-14　正午古民居

起幅　　　　　　　　　　　　　　落幅

图 5-15　城市风光

四、日落之前

　　在该时间段，天空中常有暖色调的云彩，太阳角度很低，可拍摄长长的影子，或通过被拍摄物体的剪影营造氛围，还可直接拍摄太阳。当日光渐渐变暗时，景致每分钟都在发生着变化。在天空中尚有足够的日光使地平线依然能够辨认，而大多数建筑中的灯光已经点亮，这段短暂的时间对拍摄风光照片非常有利。此时也是拍摄水面、倒影的一个很好的时机。日落之前由于光线强度较弱，色调偏暖，所以，在拍摄草地和麦田等较为平缓的景物时，会给人以温暖柔和的感觉，如图 5-16 ～图 5-18 所示。

图 5-16　日落之前　　　　　　　　　　　　图 5-17　日落西山

起幅　　　　　　　　　　　　　　落幅

图 5-18　日落长城

五、日落之后

在该时间段，天空呈现蓝色，城市的灯光已亮起，适合拍摄美丽的城市夜景。可运用慢门拍摄夜幕落下的过程、云彩的变化以及车辆的运动轨迹等（日落之后的10多分钟，天空呈现蔚蓝色，城市的灯光都亮了，因此要提前做好准备以抓拍美景），如图5-19～图5-21所示。

图5-19　日落之后

图5-20　丽江古城

图5-21　丽江古城全景图

六、夜晚

这时候天已全黑，拍摄目标有所局限，适合拍摄城市的灯光、焰火和延时拍摄道路上的车流，如图5-22所示。室内演出与夜晚的拍摄类似，如图5-23所示。

起幅

落幅

图5-22　城市的灯光

起幅　　　　　　　　　　　　　　　　　　　落幅

图 5-23　室内演出的灯光

单元五

光线拍摄技巧

一、利用灰尘拍摄逆光

　　在土路上行驶的汽车往往会卷起大量的灰尘，利用这些灰尘可以增加画面的光影效果（注意尽量不要长时间直接拍摄太阳，会对感光元件有损害），随着无人机的移动，光束也发生变化。拍摄过程中，尽量用小光孔，以取得更强的光束感，如图5-24～图5-26所示。

起幅　　　　　　　　　　　　　　　　　　　落幅

图 5-24　推镜头

起幅　　　　　　　　　　　　　　　　　　　落幅

图 5-25　跟随拍摄镜头

起幅   落幅

图 5-26　横移镜头

二、利用烟饼放烟拍摄景物

在无人机拍摄景物时，点燃烟饼，放出浓淡不同的烟雾，可使画面呈现烟雾、虚实变化、增加光束透气感等效果，还可拍摄透过树干的光影和太阳光束，如图5-27～图5-31所示。

起幅   落幅

图 5-27　烟雾效果

13.推镜头   14.跟随拍摄镜头   15.横移镜头   16.烟雾效果

17.虚实变化   18.远处放烟增强光速透气感   19.树干上的光影   20.从树干起幅到落幅太阳光速的拍摄

起幅　　　　　　　　　　　　　　　　　落幅

图 5-28　虚实变化

起幅　　　　　　　　　　　　　　　　　落幅

图 5-29　远处放烟增加光束透气感

起幅　　　　　　　　　　　　　　　　　落幅

图 5-30　树干上的光影

起幅　　　　　　　　　　　　　　　　　落幅

图 5-31　从树干起幅到落幅太阳光束的拍摄（用小光孔拍摄）

三、柔光情况下拍摄

我们经常会在阴天、薄云或者阴影里拍摄画面，这时候光影立体感不强，但是暗部信息比较好，特别适合拍摄人物。如果控制好拍摄速度，拍摄水流时会呈现水的行迹和动感，如图5-32所示。

起幅   落幅

图5-32　流水

四、包围式曝光拍摄

我们有时在自然界看到的景色非常漂亮，但是由于相机宽容度的限制，要么亮部没有信息、要么暗部没有信息，这时只能采用包围式曝光的方法来拍摄，可拍摄3张照片，灰度设置为18度灰，3张照片中的一张曝光正确、一张曝光不足、一张曝光过度，3张照片可以在PS里用HDR合成，由此得到亮部和暗部的全部信息，如图5-33、图5-34所示。

图5-33　曝光不足和曝光过度

图5-34　准确曝光和HDR合成

模块六

数码后期图像处理

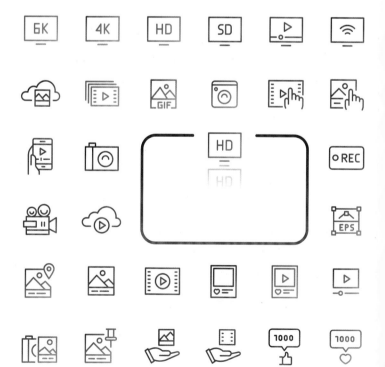

从数码相机获得的影像，往往只是下一步影像加工处理的原始素材。因为我们的前期拍摄受到各种限制，照片不能十全十美，总是会出现各种缺陷或偏差，例如色彩偏差、清晰度不佳、明暗反差不好等，这些都可以通过图像处理软件后期制作来弥补、修复、校正，让照片得到理想的画面。

　　常见的图像处理软件有品牌相机自带图片处理软件、Adobe Photoshop、光影魔术手、美图秀秀、照片优化大师等。Adobe Photoshop因其无与伦比的图像处理功能和操作的简便性，已成为当今世界最流行的图像处理软件，同时被广大摄影爱好者喜爱。本模块主要讲述利用Adobe Photoshop对照片进行调整的几种常见高级操作。

单元一

局部色彩调整

　　要想调整画面中路面受光区的色彩，首先要学会如何建立选区的范围，我们采用的方法是利用色彩建立选区。单击"选择"菜单栏＞"色彩范围"命令，如图6-1所示。

　　在"色彩范围"对话框中，按住Shift键连续用吸管吸取道路受光部分的颜色，观看信息窗，单击"确定"按钮，如图6-2所示。

　　为使选区里的色彩变化更自然，我们

图6-1　建立受光面的选区

多选用选区羽化的方法。单击"选择"菜单栏＞"修改"＞"羽化"命令，将羽化值设置为5 ～ 10，如图6-3 ～图6-5所示。

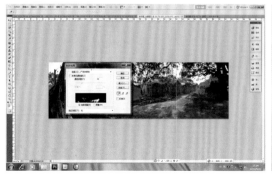

图6-2　"色彩范围"对话框

图6-3　选择"羽化"命令

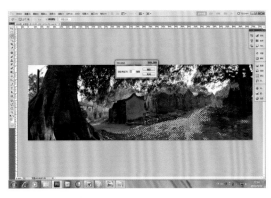
图6-4 设置羽化值

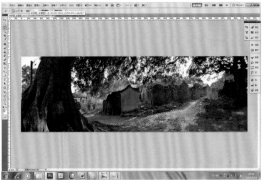
图6-5 羽化后的效果

为了使画面色彩更明亮、更丰富，可调整色相和饱和度。单击"图像"菜单栏＞"调整"＞"色相/饱和度"命令。如图6-6所示。

因为阳光的照射，路面呈暖色，调整红色通道和黄色通道，饱和度的数值为10，如图6-7所示。

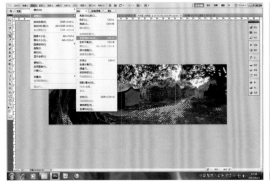
图6-6 调整色相饱和度

图6-7 色相饱和度数值

《六鳌古城》局部色彩调整后的最终效果如图6-8所示。

图6-8 《六鳌古城》最终效果（曲阜贵摄）

单元二 ——

全景图片的制作

制作一张全景图片，首先要准备几张拍摄好的图像，每张图像拍摄时，一定要有1/3的地方重叠，这样在接片对齐和通道混合时就有足够的信息，拍摄的时候要确定光圈快门速度，不要再改变焦距，最好用三脚架拍摄。图6-9～图6-11是3张《阿里傍晚》（曲阜贵拍摄）的原图。

需要导入多张图片，利用Adobe Photoshop可以自动接全景图片。单击"文件"菜单栏＞"自动"＞"photomerge"命令，如图6-12所示。

图6-9 《阿里傍晚》原图（1）

图6-10 《阿里傍晚》原图（2）

图6-11 《阿里傍晚》原图（3）

这里之所以选择球面接缝的方法，是因为其直接模拟广角镜头，带有独特的透视效果。在photomerge选型框中单击"预览"按钮，选中想导入的图片，或者单击添加打开的文件，选择球面（也可选其他选项），单击"确定"按钮，勾选"混合图像"和"几何扭曲校正"复选框，如图6-13所示。此时生成的图片会自动接缝，如

图6-12 自动导入

图6-13 选择球面

图6-14所示。

为使图像充满画面，以及画面周围连接更自然，可选择自由变换（合并图层，按Ctrl+E快捷键后选择"自由变换"命令）。单击"编辑"菜单栏＞"自由变换"命令或按Ctrl+T快捷键（图像的旋转和变形：可以将图像进行拉伸、倾斜和自由变化等处理），在景物垂直线附近拉两条辅助线，使它在调整的时候有参照线（拉辅助线的方法：按Ctrl+R快捷键，用移动工具在纵向标尺横拉），打开"自由变换"后，根据情况调整节点，使视觉中心点的景物的水平线和纵轴线保持正常的状态，调节四周的节点，使画面充满画布，如图6-15所示。

自由变换调整完成后，单击"图像"菜单栏＞"调整"＞"阴影/高光"，调整阴影与高光，如图6-16所示。

图6-14　自动合成

图6-15　自由变换，调整节点

调整后的效果如图6-17所示。

图6-16　打开图像调整阴影/高光

图6-17　调整后效果

为使画面更真实，整体更清晰，一般采用锐化效果。单击"图像"菜单栏＞"模式"＞"Lab颜色（L）"命令（Lab模式选择L通道——黑白通道进行锐化，不对色彩通道锐化），如图6-18所示。

通道模式选择"明度"，单击"滤镜"菜单栏＞"锐化"＞"USM锐化"命令，打开"USM锐化"对话框，调整"数量"为18%，"半径"为60.1，如图6-19、图6-20所示。

为还原真实的色彩，要对此图片调整色彩的曲线值。单击"图像"菜单栏＞"调整"＞"曲线"命令，打开"曲线"对话框，选择Lab通道，然后按Ctrl+M快捷键，再选择a通道，修改节点，同理选择b通道并修改节点，注意a、b通道调整保持一样（不用S曲线，而是用陡坡方法，节点必须在格上，否则会出现偏色），基本通道保持全选，如图6-21～图6-25所示。

注意：不要在明度通道调整黑白灰，它只有100个像素点过渡。

图6-18　转换Lab模式

图6-19　锐化处理

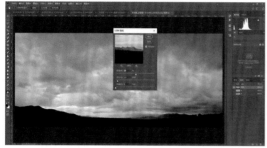

图6-20　锐化数值

图6-21　单击"曲线"命令

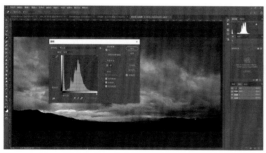

图6-22　"曲线"对话框

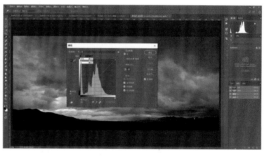

图6-23　选择a通道

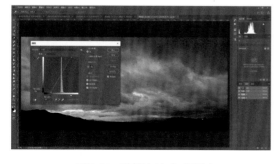

图6-24　陡坡方法（a通道）

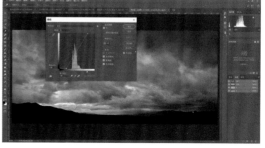

图6-25　陡坡方法（b通道）

　　单击"图像"菜单栏＞"模式"＞"RGB颜色"命令，将模式转换为RGB模式，如图6-26所示。

　　最终调整完后的图像，色彩还原真实图像，颜色变化丰富，是表现完整的全景图作品，模拟摇头机、广角镜头的拍摄效果，如图6-27所示。

图 6-26 模式转换 RGB

图 6-27 《阿里晚霞》最终效果（曲阜贵摄）

单元三
Camera Raw 图像处理、HDR 的合成、动作与批处理

1. Photoshop CS Camera Raw 图像处理

JPEG 和 RAW 格式之间的区别：在拍摄 JPEG 格式时生成的图像是经过压缩后储存的。拍摄 RAW 格式照片时，相机对捕捉像素有影响，需设置 ISO、快门速度和光圈，其他参数都可以在打开 RAW 文件时进行调整。打开 RAW 文件时进行调整，不会破坏原始图像数据，还可以再次编辑图像。由于 RAW 的局限性大，文件较大，因此拍摄设备要好，拍摄时曝光控制在 1 ～ 2 挡，严重曝光过度或曝光不足均会导致暗部和亮部没有信息。

打开拍摄 RAW 图片文件夹，选出 RAW 图片，直接按住鼠标指针，将它推拽到 Photoshop 界面里，如图 6-28 所示。

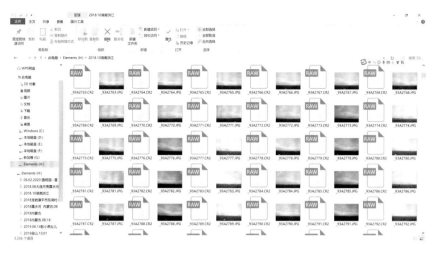

图6-28　选择RAW格式

打开RAW格式界面，单击颜色取样器，吸取画面最黑和最亮点，如图6-29所示。

在基本面板调整曝光、恢复、填充高光、黑色、亮度、透明、细节饱和度等，如图6-30所示。

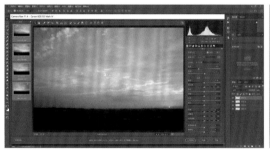

图6-29　RAW格式界面

图6-30　调整选项

单击"图像"菜单栏＞"调整"＞"曲线"命令，在"曲线"对话框中进行色调（S）曲线调整，如图6-31所示。

单击两个三角，左边三角是阴影修剪警告，右边的三角是高光修剪警告。单击后图像会出现红色和蓝色的区域，红色代表曝光过度，蓝色代表曝光不足，调整后蓝色和红色消失，稍微有一点点红色和蓝色为好，如图6-32所示。

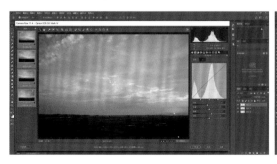

图6-31　色调曲线调整

图6-32　调整曝光

注意饱和度信息窗数字变化，控制在254至1之间，如图6-33所示。

由于图片基本上是在固定的时间、地点拍摄的，光线相似，可以全选统一调整，如图6-34所示。

 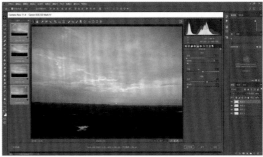

图6-33　调整饱和度数值　　　　　　　图6-34　全选统一调整图片

分离色调调整时，选择批处理，单击打开文件，导出调整后的图片，如图6-35～图6-38所示。

图6-35　导出图片效果（1）　　　　　　图6-36　导出图片效果（2）

图6-37　导出图片效果（3）　　　　　　图6-38　导出图片效果（4）

在Camera Raw调整完后打开图片，另存为4张效果图，然后再用单元二所介绍的"全景合成"形成最终效果图，如图6-39～图6-41所示。

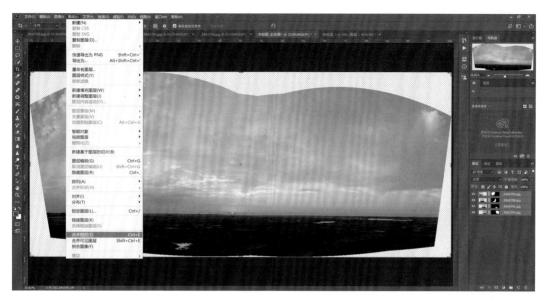

图6-39　合并图层

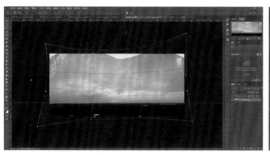

图6-40　自由变换

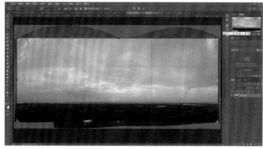

图6-41　调整到合适的位置

进一步调整后的效果如图6-42所示。

图6-42　进一步调整后的效果

图6-43 《古民居》原图（1）

图6-44 《古民居》原图（2）

图6-45 《古民居》原图（3）

2. HDR合成

因为数码相机的宽容度有限，不可能把光的效果和暗部里面的细节用一张照片拍下来，只有通过连拍3张包围式曝光的方法来合成，其中一张曝光不足、一张曝光过度、一张曝光正常。

HDR的合成方法有两种：第一种，拍摄3张照片，将它们导入Photoshop里面，单击"文件"菜单栏＞"自动"＞"合并到HDR"命令来实现HDR合成。

3张原始照片如图6-43～图6-45所示。

第二种，打开Bridge工作界面，选择包围曝光拍摄的3张照片（图6-46），在菜单栏选择"工具"＞"Photoshop"＞"合成到HDR"命令，如图6-47所示。

因为平时工作的计算机不是非常专业的制图计算机，最好转换成8位通道或16位通道。将滑块向右拖动，并按"确定"按钮。

此时会出现HDR转换对话框，可调整曝光度、灰度系数。它与第一种方法效果相同，如图6-48、图6-49所示。

采用上述其中一种HDR合成方法打开转换HDR对话框后，可添加打开图层，如图6-50、图6-51所示。

合成结束后，单击"图像"菜单栏＞"调整"＞"曲线"命令，打开"曲线"对话框，如图6-52所示。

利用曲线工具调整照片对比度，使照片的暗部与亮部信息达到最好效果，如图6-53所示。

图6-46 在Bridge工作界面选择包围
曝光拍摄的三张照片

图6-47 选择"工具"菜单栏

图6-48 HDR的工作界面

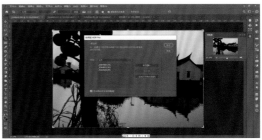

图6-49 转换HDR对话框

图6-50 添加打开图层（1）

图6-51 添加打开图层（2）

图6-52 "曲线"对话框

图6-53 调整对比度后的效果

将照片进行裁切，最终效果如图6-54所示。

图6-54 《古民居》最终效果（曲阜贵摄）

图6-55　建立动作

3.动作与批处理

动作与批处理是我们在处理大批量图片时经常采用的方法（要求每张图片的拍摄的地点、时间和光线基本一致，这样就可以成批地处理），处理过程包括色阶、曲线调整、图片大小还有储存与关闭等动作，既快捷又方便（每张图片裁切尺寸不一样的不能进行裁剪批处理）。

首先打开要处理的一批图片的文件夹，选择一张图片创建新动作按钮，会出现一个浮动框，如果经常使用此动作，就要命名或设置颜色等，然后单击"记录"按钮确认，如图6-55所示。

单击"图像"菜单栏＞"调整"＞"色阶"命令（图6-56），打开"色阶"对话框，记录调整色阶，每次调整图片最好首选色阶，调整直方图下面的三角滑块到驼峰起点，并单击"确定"按钮，如图6-57所示。

图6-56　建立色阶

图6-57　调整直方图下面的三角滑块到驼峰起点

记录调整曲线，调出"曲线"对话框，在45°线的上方按住鼠标左键向上拉，在下方按住鼠标左键向下拉，形成S曲线，增加对比度（使暗的更暗、亮的更亮），如图6-58所示。

转换到Lab模式，并选择a通道，如图6-59所示。

图6-58　建立S曲线

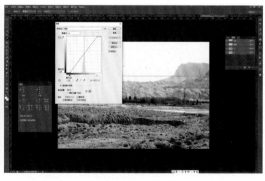

图6-59　转换到Lab模式并选择a通道

选择b通道，如图6-60所示。

在Lab"通道"选择"明度"单击"滤镜"＞"锐化"＞"USM锐化"命令，如图6-61所示。

图6-60　转换到Lab模式并选择b通道

图6-61　选择"USM"锐化命令

弹出"USM锐化"对话框，调整"数量"和"半径"值，如图6-62所示。

单击"图像"菜单栏＞"图像大小"命令，打开"图像大小"对话框，根据图片的用途设定尺寸、像素，记录调整图像大小，如图6-63所示。

图6-62　调整数量和半径值

图6-63　建立图像大小

调整完毕，将图像另存（最好不要覆盖原始图片，应重新建立文件夹并标明内容），如图6-64、图6-65所示。

图6-64　"存储为"命令

图6-65　"另存为"对话框

调整"JPEG通道"参数，关闭文件，结束操作，直到所有的动作做完，单击"停止播放/记录"按钮，如图6-66、图6-67所示。

图6-66　确定

图6-67　动作完成

选择"文件"＞"自动"＞"批处理"命令，如图6-68所示。

打开"批处理"对话框，"动作"选择"动作1"（按照制作的动作进行选择），"源"选择"打开的文件"命令，如图6-69所示。

图6-68　选择批处理

图6-69　动作选择

图6-70　存储文件

按照上面记录的动作全部自动处理完所有打开的图片，并按指定的文件夹存储，如图6-70所示。

将图片全部拖到Photoshop画布里，新建、自动、photomerge自动处理，最终效果，如图6-71所示。

图6-71　合成后效果（大图）

Photography
+
Film and Video
Production

模块七
影视后期处理

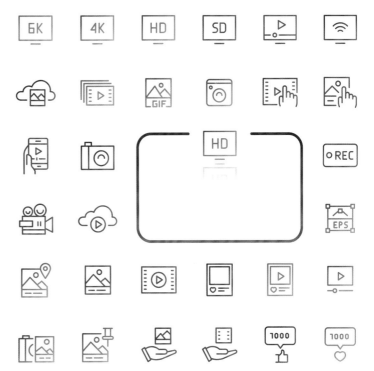

非线性编辑是借助计算机来进行数字化制作，几乎所有的工作都在计算机上完成，不再需要那么多的外部设备，对素材的调用也是瞬间实现，不用反反复复在磁带上寻找，突破了单一的时间顺序编辑限制，可以按各种顺序排列，具有快捷简便、随机的特性。目前，主流的非线性编辑软件有EDIUS、Premiere、Final Cut Pro等。

单元一

EDIUS

工程预设是指让编辑人员使用预先设定的默认设置启动一个新的工程。当开始一个新的工程时，在启动窗口可以从工程预设列表中选择一个已有的预设，或者在EDIUS中用预设向导新建工程预设。

① 从工程预设列表中选择一个已有的预设，如图7-1所示。

用预设向导创建工程预设，单击"预览窗口"菜单栏"设置"＞"系统设置"＞"应用"＞"工程预设"命令，如图7-2所示。

图7-1　工程预设列表

图7-2　工程预设界面

② 单击"预设向导"按钮，显示如图7-3所示对话框，选择所要预设工程的"尺寸""帧速率"和"比特率"，单击"下一步"按钮。

③ 根据选择的视频尺寸、帧速率和比特率，工程预设会自动创建，单击"完成"按钮，如图7-4所示。

④ 导入视频素材。导入视频素材是指将储存于本地磁盘或者其他连接的储存设备中的素材调入EDIUS的素材库，进而应用于EDIUS工程。按下列步骤进行素材导入。

a.单击"素材库"窗口上的"添加文件"按钮，如图7-5所示，出现文件打开对话框。

b.浏览需要导入的素材所在的驱动器和路径。

c.选择需要的文件。按住Ctrl键再选择可以同时选择多个文件。

EDIUS的素材库可以导入多个文件种类，可以使用文件类型列表浏览某种特定的文件类型，或者该路径下的所有文件，如图7-6所示。

图7-3 "创建工程预设"对话框 　　图7-4 创建的工程预设

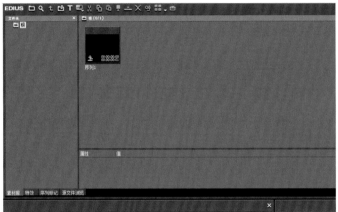

图7-5 添加文件到素材库 　　　　　　　　图7-6 文件类型列表

⑤ 剪辑合成视频。剪辑合成就是通过在时间线上放置、移动、复制、修改、裁剪及标记素材，来重新组合创作出最终工程的过程。

当在时间线上工作时，编辑模式的设置会影响很多操作行为，下面对三种编辑模式进行介绍。

a.插入模式：在插入模式下，加入新素材时，EDIUS会将插入点原有素材向后挪来适应新素材。序列的总长度会增加，增加量等于加入的新素材的长度，如图7-7和图7-8所示。

图7-7 未插入素材（1） 　　　　　　　图7-8 插入模式下插入素材后

图7-9　未插入素材（2）

图7-10　覆盖模式下插入素材

图7-11　波纹编辑模式下未删除素材

图7-12　波纹编辑模式下删除素材

图7-13　关闭波纹编辑模式下删除素材

b.覆盖模式：在覆盖模式下，加入的新素材会覆盖插入点原有素材，覆盖量就是两个素材的重叠部分，序列的总长度不会增加（插入素材长度小于原有素材），如图7-9和图7-10所示。

c.波纹编辑模式：在波纹编辑模式下，删除或者剪裁一个素材时，同轨道上所有其后的素材都会受影响而移动，来填补先前被剪裁或者删除那部分素材所占用的空间，如图7-11～图7-13所示。

素材的分割、删除、复制和粘贴：将时间线指针放在素材要分割的位置，单击键盘C键，将素材分割为两段；选中不需要的一段，单击"删除"按钮，可将素材从时间线上删除；单击"复制"按钮，将时间线移动到需要放置的位置，单击"粘贴"按钮，可将素材进行复制。

⑥ 加转场特效。转场指的是当一个素材结束而下一个素材开始时出现在素材之间的特效。转场特效分为两种：一种是在同轨素材之间加入转场效果；另一种是在不同轨素材之间加入转场效果。

同轨素材之间加入转场效果的操作步骤如下。

a.在"特效"目录树中选择"转场"命令。

b.从"特效"面板中选择想要的转场类型，如图7-14所示。

c.将所选的转场效果拖放到素材在时间线上彼此接触的位置点，如图7-15所示。

图7-14　"特效"面板

d.双击转场图标区域（非出入点和剪切点），将出现转场设置窗口。如图7-16所示，以"溶化"转场的设置对话框为例，按照需要进行相应设置，不同转场效果设置内容不相同。

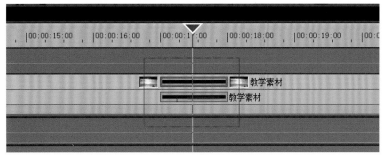 

图7-15　素材间转场　　　　　　　　　　　　图7-16　"溶化"转场设置

不同轨素材之间加入转场效果的操作步骤如下。

a.在"特效"目录树中选择"转场"命令。

b.从"特效"面板中选择想要的转场类型，如图7-17所示。

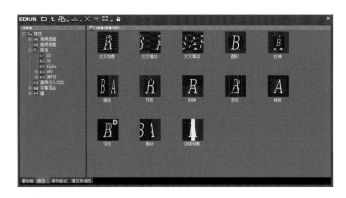

图7-17　"特效"面板

c.将所选的转场效果拖放到靠上的素材特技轨上，如图7-18所示。

d.双击转场图标区域，将出现转场设置窗口。如图7-19所示，以"双门"转场设置对话框为例，按照需要进行相应设置，不同转场效果设置内容不相同。

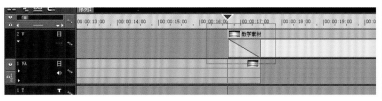 

图7-18　素材特技轨道　　　　　　　　　　图7-19　"双门"转场设置

⑦ 添加制作字幕。

静态字幕的操作步骤如下。

a. 将时间线指针放置到想要加入字幕的位置，单击"在T1轨道上创建字幕"命令，如图7-20所示。

b. 软件默认启动Quick Titler字幕软件，软件默认的字幕类型为静止字幕，如图7-21所示。

图7-20　在T1轨道上创建字幕

图7-21　Quick Titler字幕软件界面

c. 单击"T"按钮，在工作窗口中单击鼠标左键，输入相应的文字。

d. 如图7-22所示，在"文字属性"选项中可以设置字幕的大小、字体、颜色等。设置好文字属性后单击"保存"按钮，完成该字幕制作。

e. 在字幕轨上可拖动该字幕素材以达到想要的时长。字幕默认是淡入淡出效果，也可以选择为字幕添加不同的转场滤镜，如图7-23所示。

图7-22　设置文字属性

图7-23　为字幕添加转场滤镜

⑧ 音频操作。编辑软件都拥有功能广泛的音频操作功能，例如调节和操作音量、声相平衡，添加旁白效果等。下面对常用的音频操作功能做介绍。

调节音量和声相平衡：可以调节放置在时间线上的音频素材的音量和左/右平衡（声相），它们都由调节线来控制。橙黄色调节线用于控制音量；蓝色调节线用于控制左/右立体声平衡。可以沿着时间轴调节线的形状来控制音量和声相，按以下步骤进行。

a. 单击包含音频的轨上的"展开"按钮，如图7-24所示。

b. 单击"音量/声相"按钮切换音量（橙色线）和声相（蓝色线）调节模式，如图7-25、图7-26所示。

图7-24　展开音频轨

图7-25　音量/声相切换——音量

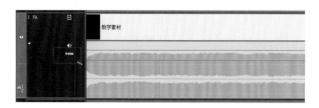

图7-26　音量/声相切换——声相

　　c.在想要进行调整的位置上单击音量或者声相调节线，一个调节点就添加到调节线上了。

　　d.垂直或水平方向拖拽调节点来控制调节线的形状。当选择VOL时，向上拖动调节点将增大音量，向下拖动则减小音量。当选择PAN时，向上拖动调节点将增大左声道的音量，向下拖动则增大右声道的音量。如图7-27所示。

　　添加旁白：如果影片需要添加旁白，可以将做好的WAV或者MP3格式的配音文件直接调入音频轨，也可以通过声卡在播放的同时进行同步配音。同步配音按以下操作步骤进行。

　　a.单击时间线工具栏切换同步录音显示按钮，如图7-28所示。

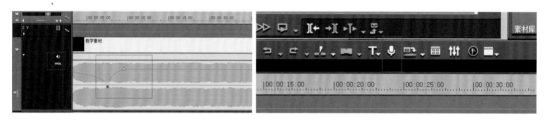

图7-27　调节音量大小　　　　　　　　　　图7-28　切换同步录音显示按钮

　　b.在"同步录音"对话框中可对音量、输出位置、文件名等做相应设置，如图7-29所示。

　　⑨ 输出渲染视频。在采集素材、编辑素材、添加转场、添加字幕和调节音频等工作全部完成后，要对工程文件做输出渲染，具体操作步骤如下。

　　a.确认工程的输出时长，通过设置入点和出点来指定输出范围，如图7-30所示。

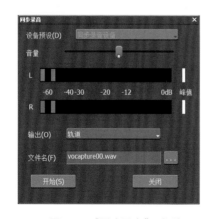

图7-29　"同步录音"对话框

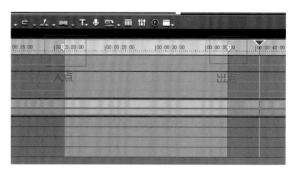

图7-30　出入点设置

b.单击"输出"按钮,选择"输出到文件"命令,如图7-31和图7-32所示。

图7-31 单击"输出"按钮　　　　　　　　　图7-32 "输出到文件"命令

c.在输出器插件对话框中选择输出器,以"MPEG2基本流"为例,单击"输出"按钮,如图7-33所示。

在"MPEG2基本流"输出对话框中,可对输出的文件路径、视频、音频等参数进行相应设置,如图7-34所示。

图7-33 输出器插件对话框　　　　　　　图7-34 MPEG2基本流输出参数

单击"确定"按钮,输出最终成片。

单元二

Premiere

1.启动界面

双击打开Premiere,能看到启动界面的弹窗,如图7-35所示,若最近创建了,或者使用了某项目工程，会在列表中出现。

要想做新的影片，直接单击"新建项目"按钮，如果要继续做之前加工一半的工程项目，可以单击"打开项目"按钮来查找，或者在窗口找到相应的文件名，直接单击它打开。

"新建团队项目"按钮和"打开团队项目"按钮一般用不上。

单击"新建项目"按钮，进入项目创建的窗口，如图7-36所示。

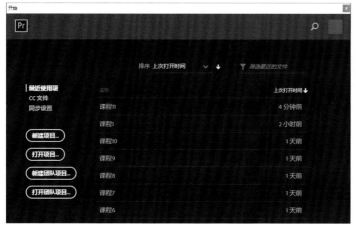

图7-35　Pr启动界面　　　　　　　　　　　　　　图7-36　"新建项目"对话框

位置就是存放工程文件的地方，一般都在空间比较大的磁盘中。

常规、暂存盘、收录设置，这些都不重要，可以忽略。单击"确定"按钮进入工程的操作界面。

2.界面介绍

下面我们来认识一下工作界面，如图7-37～图7-39所示。

源监视器：它是专门查看素材效果的视频窗口。

效果控件：部分视频效果编辑需要在这里操作。

节目监视器：视频编辑的全程效果可在这个窗口观看。

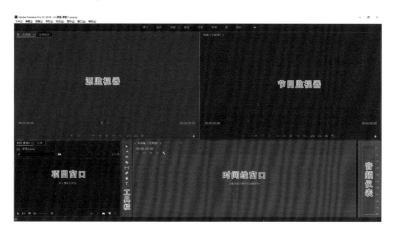

图7-37　软件界面

21.启动界面

22.界面介绍

图7-38 效果控件

图7-39 效果插件

项目窗口：主要用于项目和素材的管理。例如"蒙版"项目窗口，导入的视频、音频等素材，还有创建的所有文件都可在这里操作。

效果插件：也叫作特效插件，将所需的效果添加到视频中时，需要效果控件窗口配合来完成。

工具栏：是剪辑过程必用的工具，这些工具就像是套装的刀具。

时间线窗口：是视频编辑板块，可以把它比喻成超市的货架，视频、音频、字幕等内容都要放在这个货架上，根据需求摆放编辑。

音频仪表：可以查看音频有没有爆掉，有时候还可以在这里查看音频是否有声音，如果没有声音，这里是不会有动静的。

3.导入素材

导入素材的方法有多种，可以在"文件"菜单栏中找到"导入"命令，单击它会出现"导入"对话框。找到素材文件的位置，点选所需的素材，最后单击"打开"按钮就可以完成导入，如图7-40所示。

23.导入素材

图7-40 素材导入对话框

还可以在项目窗口空白处双击直接打开素材导入对话框，如图7-41所示。

图7-41　导入序列图

可以看到这些照片是采用延时摄影的方法拍摄的，它们称为序列图。

序列图的导入方式稍微有一些不同。在素材导入对话框，如图7-41所示，单击第一张图片，勾选"图像序列"复选框，单击"打开"按钮，就可以导入图片序列了。

如果任意单击一张照片导入，最后的视频效果就是以单击的这张照片作为起始帧；如果想要导入全部照片，就单击第一张进行导入。

如果项目窗口素材太多，单击导入不方便，可以创建一个文件夹并命名，把素材拖放到文件夹中进行导入，如图7-42所示。

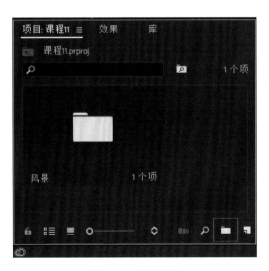

图7-42　新建文件

4.新建序列

新建序列可以理解为创建某一类型的货架。

24.新建序列

单击Premiere左上角"文件">"新建">"序列"按钮，打开"新建序列"对话框，如图7-43所示。

"序列预设"里存放了一些已经做好的视频的规格参数，可以直接选用。

另外，可以根据自己的需求来自由创建序列。

在"常规"下拉列表中，可以对"编辑模式""时基""帧大小""像素长宽比""场"进行设置，其他参数很少改动。单击"确定"按钮，创建所需的视频编辑窗。

还可以修改序列名称，如图7-44所示。

图7-43 "新建序列"对话框

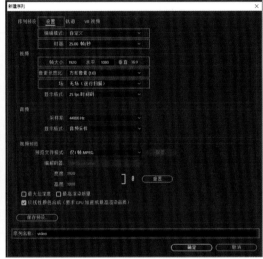

图7-44 序列设置

5.时间线窗口

上边是视频区，下边是音频区，默认有三个轨，如图7-45所示。

25.时间线窗口

图7-45 时间线窗口

将鼠标指针放到轨的分界线位置，出现上下小箭头，点住鼠标指针向下拖动，就可以把音频轨放大，视频轨也是一样的，如图7-46所示。

视频与音频都有 ▣ 图标，使用鼠标右键单击它就能看到，有运动、不透明度、时间重映射选项。例如，可以设置它的不透明度，这里的编辑线条默认就是控制不透明度的，在左边的fx上打关键帧，再将关键帧上下拖动即可，如图7-47所示。

音频有音量、声道音量等选项，对它做音量调整的方法与视频相同。

图 7-46　轨放大　　　　　　　　　　　图 7-47　视频与音频的 fx 图标

　　主声道用于控制时间线窗口的整体音量，数值最大是0，只能减小音量，不能加大音量，将鼠标指针对着数值往左拖动即可，如图7-48所示。

图 7-48　主声道

6.效果控件

26.效果控件

① 运动：包括位置、缩放、旋转、锚点等模块。

a.位置：分别是横向变动、纵向变动，如图7-49所示。

b.缩放：就是放大缩小。如果要单独改变方向，可以关闭"√"图标。

c.旋转：它是围绕中心旋转的，要想改变旋转中心点，可以点下运动，能看到锚点出现在视频中心。随意变动锚点的位置，就会使画面围绕自定义的中心点旋转。如果调整锚点参数，它改变的不是中心点位置，而是画面的位置。

图 7-49　"运动"面板

② 不透明度：数值越小，画面就越透明，当数值为0时，视频画面消失，如图7-50所示。

图 7-50　"不透明度"面板

③ 音量：数值越小，音量越小；数值越大，音量越大。如图7-51所示。

图7-51　"音量"面板

如果"效果控件"的参数调整有问题，要还原默认数值，可以单击它们对应的"重置"按钮，如图7-52所示。

7.裁剪视频

27.裁剪视频

在编辑视频前，需要创建序列，建立好序列，就可以把所需的视频素材摆放到视频轨上。

若不需要视频原声，可以选中视频，使用鼠标右键单击，并在弹出的快捷菜单中选择"取消链接"命令，再选中音频，按Delete快捷键即可完成删除。如图7-53所示。

图7-52　"重置"按钮

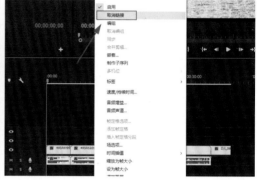

图7-53　右键面板

视频剪辑一般会掐头去尾。首先通过"时间指示器"查看视频画面，确定裁剪位置，再把鼠标指针放在视频的边上，出现红色小箭头，点住它，向里拖动就可以完成视频的裁剪。或者用工具栏的"刀片"在时间指示器的指定位置单击，即可完成裁切，最后按下Delete快捷键删除不要的部分。如图7-54所示。

若需要调换视频某一片段的排序位置，首先，全选需要调序的视频，将这些被选中的视频拖动出较长的轨道空间，再把某一片段插入其中。

片段裁剪完成后，选中裁剪过的视频，拖动并拼接到一起，就完成了视频的初步剪辑。

剪辑是一项艺术创作，需要通过大量方法来完成，如图7-55所示。

图7-54　剪辑操作

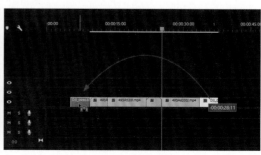

图7-55　视频堆放

8.编辑音频

将音频拖到音频轨上，就完成了音频的添加。根据自己的需求，截取音乐段落。音频的裁剪方式和视频是一样的。如果需要调整音量大小，可做音量的缓入缓出，如图7-56所示。

9.新版字幕创建

Premiere 从 2017 版本开始，字幕按钮就被从菜单栏移到"文件"＞"新建"中，工具栏中也增加了文字工具按钮。

单击文字工具按钮，在视频节目窗口中任意位置单击，视频会出现红色边框，可以直接输入文字，如图7-57所示。

28.编辑音效音乐　29.新版字幕创建

图7-56　音频调整

在窗口中创建了文本图层，效果控件中也会生成文本字符编辑窗。很多软件的文本字符编辑窗中的内容大同小异。文本中的"变换"操作步骤与效果控件默认的运动、不透明度是一样的，如图7-58所示。

图7-57　文本创建

图7-58　文本"变换"

10.视频输出设置

输出视频，需要激活时间线窗口，单击左上角的"文件"＞"导出媒体"命令。会跳出"导出设置"对话框。"格式"通常选择通用的"H.264"。

预设是输出的序列参数设置，默认即可。

输出名称就是输出的片尾。可以单击它修改名称和保存路径。

其他参数保持默认，最后单击"导出"按钮，等待影片的渲染完成，如图7-59所示。

30.输出设置

11.视频防抖

通过无人机拍摄的视频会有轻微的抖动，可以通过 Premiere 的插件来解决。将效果中"变形稳定器"添加到需要稳定的视频中，这个插件会自动校正抖动的视频。无须改动插件中的参数，等待系统分析完毕即可实现校正。

31.防抖

无人机的抖动其实是有规律的，校正后的效果很不错。如果视频是无规律的抖动，那么校正后的效果和手持拍摄的效果非常相似。如图7-60所示。

图7-59 "导出设置"对话框　　　　　　　　图7-60 变形稳定器

12.视频降噪

32.降噪

　　Premiere降噪需要借助第三方的插件来实现。"Neat Video"需要从网上下载安装。安装后，在效果中搜索"Reduce Noise"，添加后，效果控件里就会多出这个插件，如图7-61所示。

图7-61 "Reduce Noise"设置图标

　　单击设置图标，会跳出降噪的编辑窗口，如图7-62所示。

　　单击左上方的"Auto Profile"按钮，它会自动进行降噪。最后单击右下角"Apply"按钮，完成降噪处理，如图7-62所示。

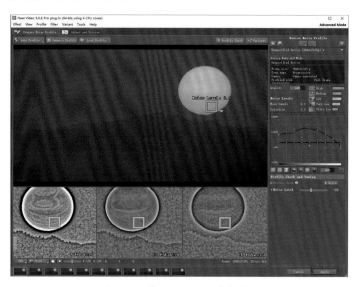

图7-62 "Reduce Noise"插件

色彩校正

色彩校正的常用操作步骤如下。

① 在每次拍摄时，先不要安装桨叶，应手持无人机拍摄或者拍摄色卡，为后期调色做准备，如图7-63所示。

图7-63　手持无人机拍摄

② 用灰卡确定一下正确的曝光。注意：一定要选择正规厂家生产的灰卡，不要使用白卡，白卡是用来建立色彩白平衡的，如图7-64所示。

图7-64　用灰卡确定曝光

③ 用无人机拍摄或者录制色卡，如图7-65所示。

图7-65　录制色卡

④ 打开达·芬奇调色软件，导入拍摄素材，如图7-66所示。

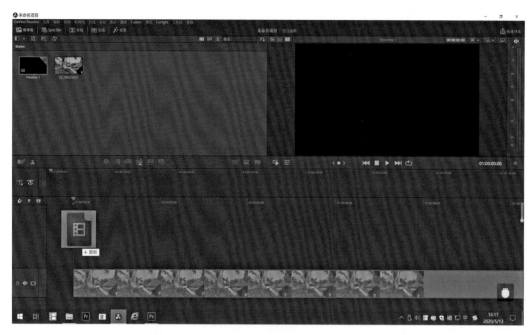

图7-66　导入拍摄素材

⑤ 单击"工作区"下拉列表"切换到页面"＞"调色（Shift+6）"命令，如图7-67所示。

图7-67　选择"调色"命令

⑥ 选择适宜的色彩匹配，在下拉列表中选择"X-Rite Color Checker Passport Video"命令，如图7-68所示。

图7-68 选择"X-Rite Color Checker Passport Video"命令

⑦ 单击向下箭头，在弹出的对话框选择色板，在画面中出现变换框，选择自动，色温根据当时拍摄的色温确定，目标选择709即可，如图7-69所示。

图7-69 选择色板

⑧ 调整大小到色卡合适的位置，点击"匹配"按钮，如图7-70所示。

图7-70　调整大小

⑨ 调整后的效果如图7-71所示。

图7-71　调整后效果

[1] 韩涌波，罗亮生，陈健伟. 无人机航拍技术[M]. 北京：中国民航出版社，2018.

[2] 赵高翔，龙飞. 无人机航拍实战128例：飞行+航拍+后期完全攻略[M]. 北京：清华大学出版社，2019.